新版建设工程工程量清单计价使用指南

园林绿化工程

苗 峰 主编

中国建材工业出版社

图书在版编目（CIP）数据

园林绿化工程/苗峰主编. —北京：中国建材工业出版社,2013.9

（新版建设工程工程量清单计价使用指南）

ISBN 978-7-5160-0496-8

Ⅰ.①园… Ⅱ.①苗… Ⅲ.①园林—绿化—工程造价 Ⅳ.①TU986.3

中国版本图书馆CIP数据核字（2013）第154008号

内 容 简 介

本书系统地介绍了造价员对园林绿化工程所需掌握的内容,本书共分8章,主要内容包括园林绿化工程基础,工程量清单计价基础,园林绿化工程量清单计价相关规范,绿化工程工程量计算,园路、园桥、假山工程工程量计算,园林景观工程工程量计算,措施项目,某园林工程工程量计价实例等。

本书覆盖面广、内容丰富、深入浅出、循序渐进、图文并茂、通俗易懂,既可作为高等院校相关专业的辅导教材、社会相关行业的培训教材,还可作为园林绿化工程相关造价管理工作人员的常备参考书。

园林绿化工程

苗　峰　主编

出版发行：中国建材工业出版社

地　　址：北京市西城区车公庄大街6号

邮　　编：100044

经　　销：全国各地新华书店

印　　刷：北京雁林吉兆印刷有限公司

开　　本：787mm×1092mm　1/16

印　　张：7.75　插页2

字　　数：192千字

版　　次：2013年9月第1版

印　　次：2013年9月第1次

定　　价：28.00元

本社网址：www.jccbs.com.cn

本书如出现印装质量问题,由我社发行部负责调换。联系电话：(010)88386906

编 委 会

前　言

随着我国经济建设飞速发展,城乡建设规模日益扩大,建设市场进一步对外开放,我国在工程建设领域开始推行工程量清单,2003 年《建设工程工程量清单计价规范》(GB 50500—2003)出台和 2008 年《建设工程工程量清单计价规范》(GB 50500—2008)的修订,就是为了适应建设市场的定价机制、规范建设市场计价行为的需要,是深化工程造价管理改革的重要措施。2013 年颁布的《建设工程工程量清单计价规范》(GB 50500—2013)是工程造价行业的又一次革新,建设工程造价管理面临着新的机遇和挑战。依据工程量清单进行招投标,不仅是快速实现与国际通行惯例接轨的重要手段,更是政府加强宏观管理转变职能的有效途径,同时可以更好地营造公开、公平、公正的市场竞争环境。

为了满足我国工程造价人员的培训教育以及自学工程造价知识的需求,我们特组织多名有丰富教学经验的专家、学者以及从事造价工作多年的造价工程师编写了这套《新版建设工程工程量清单计价使用指南》系列丛书。该丛书共有四本分册:

(1)《房屋建筑与装饰装修工程》

(2)《通用安装工程》

(3)《市政工程》

(4)《园林绿化工程》

本套丛书以"2013 版"的《建设工程工程量清单计价规范》(GB 50500—2013)为依据,把握了行业的新动向,从工程技术人员的实际操作需要出发,采用换位思考的理念,即读者需要什么就编写什么。在介绍工程预算基础知识的同时,注重新版工程量计价规范的介绍和讲解,同时以实例的形式将工程量如何计算等具体的内容进行系统阐述和详细解说,针对性很强,便于读者有目标地学习。

本套丛书在编写的过程中得到许多同行的支持和帮助,在此表示感谢。由于工程造价编制工作涉及的范围较广,加之我国目前处于工程造价体制改革阶段,许多方面还需不断地完善、总结。因作者水平有限,书中错误及不当之处在所难免,敬请广大读者批评指正,以便及时修正。

编写委员会

2013.7

中国建材工业出版社
China Building Materials Press

我 们 提 供

图书出版、图书广告宣传、企业/个人定向出版、设计业务、企业内刊等外包、代选代购图书、团体用书、会议、培训，其他深度合作等优质高效服务。

编 辑 部
010-88386119

图书广告
010-68361706

出版咨询
010-68343948

图书销售
010-68001605

设计业务
010-88376510转1008

邮箱：jccbs-zbs@163.com　　网址：www.jccbs.com.cn

发展出版传媒　服务经济建设

传播科技进步　满足社会需求

目　　录

第1章　园林绿化工程基础

1.1　园林绿化工程施工图识读

1.1.1　园林绿化工程施工图图例

1. 建筑图例,见表1-1。

表1-1　建筑图例

序号	名称	图例	说明
1	规划的建筑物		用粗实线表示
2	原有的建筑物		用细实线表示
3	规划扩建的预留地或建筑物		用中虚线表示
4	拆除的建筑		用细实线表示
5	地下建筑物		用粗虚线表示
6	坡屋顶建筑		包括瓦顶、石片顶、饰面砖顶等
7	草顶建筑或简易建筑		—
8	温室建筑		—

2. 园林景观绿化图例,见表1-2。

表1-2　园林景观绿化图例

序号	名称	图例	说明
1	常绿针叶乔木		—
2	落叶针叶乔木		—
3	常绿阔叶乔木		—
4	落叶阔叶乔木		—
5	常绿阔叶灌木		—
6	落叶阔叶灌木		—
7	落叶阔叶乔木林		—

1

序号	名称	图例	说明
8	常绿阔叶乔木林		—
9	常绿针叶乔木林		—
10	落叶针叶乔木林		—
11	针阔混交林		—
12	落叶灌木林		—
13	整形绿篱		—
14	草坪	1. 2. 3.	1. 草坪 2. 表示自然草坪 3. 表示人工草坪
15	花卉		—
16	竹丛		—
17	棕榈植物		—
18	水生植物		—
19	植草砖		—
20	土石假山		包括"土包石"、"石抱土"及假山
21	独立景石		—
22	自然水体		表示河流以箭头表示水流方向
23	人工水体		—
24	喷泉		—

3. 小品设施图例，见表 1-3。

表 1-3　小品设施图例

序号	名称	图例	说明
1	喷泉		仅表示位置，不表示具体形态，以下同。也可依据设计形态表示
2	雕塑		—
3	花台		—
4	座凳		—
5	花架		—
6	围墙		上图为实砌或镂空围墙 下图为栅栏或篱笆围墙
7	栏杆		上图为非金属栏杆 下图为金属栏杆
8	园灯		—
9	饮水台		—
10	指示牌		—

4. 园林工程设施图例，见表 1-4。

表 1-4　园林工程设施图例

序号	名称	图例	说明
1	护坡		—
2	挡土墙		突出的一侧表示被挡土的一方
3	排水明沟		上图用于比例较大的图面 下图用于比例较小的图面
4	有盖的排水沟		上图用于比例较大的图面 下图用于比例较小的图面
5	雨水井		—
6	消火栓井		—
7	喷灌点		—
8	道路		—

序号	名称	图例	说明
9	铺装路面		—
10	台阶		箭头指向表示向上
11	铺砌场地		也可依据设计形态表示
12	车行桥		也可依据设计形态表示
13	人行桥		
14	亭桥		—
15	铁索桥		—
16	汀步		—
17	涵洞		—
18	水闸		—
19	码头		上图为固定码头 下图为浮动码头
20	驳岸		上图为假山石自然式驳岸 下图为整形砌筑规划式驳岸

1.1.2 园林总平面图的识读内容

1. 用地周边环境

标明设计地段所处的位置,在环境图中标注出设计地段的位置、所处的环境、周边的用地情况、交通道路情况、景观条件等。

2. 设计红线

标明设计用地的范围,用红色粗双点画线标出,即规划红线范围。

3. 各种造园要素

标明景区景点的设置、景区出入口的位置,园林植物、建筑和园林小品、水体水面、道路广场、山石等造园要素的种类和位置以及地下设施外轮廓线,对原有地形、地貌等自然状况的改造和新的规划设计标高、高程以及城市坐标。

4. 标注定位尺寸或坐标网

1)尺寸标注

以图中某一原有景物为参照物,标注新设计的主要景物和该参照物之间的相对距离。它一般适用于设计范围较小、内容相对较少的小项目的设计。

2)坐标网标注

坐标网以直角坐标的形式进行定位,有建筑坐标网及测量坐标网两种形式。建筑坐标网是以某一点为"零"点(一般为原有建筑的转角或原有道路的边线等),并以水平方向为 B 轴,垂直方向为 A 轴,按一定距离绘制出方格网,是园林设计图常用的定位形式。如对自然式园路、园林植物种植应以直角坐标网格作为控制依据。测量坐标网是根据测量基准点的坐标来确定方格网的坐标,并以水平方向为 Y 轴,垂直方向为 X 轴,按一定距离绘制出方格网。坐标网均用细实线绘制,常用 $2m \times 2m \sim 10m \times 10m$ 的网格绘制。

5. 标题

标题除了起到标示、说明设计项目及设计图纸的名称作用之外,还具有一定的装饰效果,以增强图面的观赏效果。标题通常采用美术字。标题应该注意与图纸总体风格相协调。

6. 图例表

图例表说明图中一些自定义的图例对应的含义。

1.1.3　园林植物配置图的识读内容

1. 苗木表

通常在图面上适当位置用列表的方式绘制苗木统计表,具体统计并详细说明设计植物的编号、图例、种类、规格(包括树干直径、高度或冠幅)和数量等。

2. 施工说明

对植物选苗、栽植和养护过程中需要注意的问题进行说明。

3. 植物种植位置

通过不同图例区分植物种类。

4. 植物种植点的定位尺寸

种植位置用坐标网格进行控制,如自然式种植设计图;或可直接在图样上用具体尺寸标出株间距、行间距以及端点植物与参照物之间的距离,如规则式种植设计图。

5. 施工放样图和剖、断面图

某些有着特殊要求的植物景观还需给出这一景观的施工放样图和剖、断面图。

园林植物种植设计图是组织种植施工、编制预算、养护管理及工程施工监理和验收的重要依据,它应能准确表达出种植设计的内容和意图,并且对于施工组织、施工管理以及后期的养护都起到很大的作用。

1.1.4　园林建筑施工图的识读内容

1. 园林建筑平面图的识读内容

园林建筑平面图是指经水平剖切平面沿建筑窗台以上部位(对于没有门窗的建筑,则沿支撑柱的部位)剖切后画出的水平投影图。当图纸比例较小,或为坡屋顶或曲面屋顶的建筑时,通常也可只画出其水平投影图(即屋顶平面图)。

园林建筑平面图用来表达园林建筑在水平方向的各部分构造情况,主要内容概括如下:

(1)图名、比例、定位轴线和指北针。

(2)建筑的形状、内部布置和水平尺寸。

(3)墙、柱的断面形状、结构和大小。

(4)门窗的位置、编号,门的开启方向。

(5)楼梯梯段的形状,梯段的走向和级数。

(6)表明有关设备如卫生设备、台阶、雨篷、水管等的位置。

(7)地面、露面、楼梯平台面的标高。

(8)剖面图的剖切位置和详图索引标志。

2.园林建筑立面图的识读内容

园林建筑的立面图是根据投影原理绘制的正投影图,相当于三面正投影图中的 V 面投影或 W 面投影。在表达设计构思时,通常需要表达园林建筑的立体空间,这就需要展现其效果图。但由于施工的需要,只有通过剖、立面图才能更加清楚的显示垂直元素细部及其与水平形状之间的关系,立面图是达到这个目的的有效工具。

建筑的四个立面可按朝向称为东立面图、西立面图、南立面图和北立面图;也可以把园林建筑的主要出口或反映房屋外貌主要特征的立面图称为正立面图,从而确定背立面图和侧立面图。

建筑立面图用于表达房屋的外形和装饰,主要内容概括如下:

(1)表明图名、比例、两端的定位轴线。

(2)表明房屋的外形以及门窗、台阶、雨篷、阳台、雨水管等位置和形状。

(3)表明标高和必须的局部尺寸。

(4)表明外墙装饰的材料和做法。

(5)标注详图索引符号。

3.园林建筑结构图的识读内容

园林建筑结构图的识读内容,见表1-5。

表1-5　园林建筑结构图的识读内容

项　目	内　容
基础平面图	基础平面图主要表示基础的平面布局,墙、柱与轴线的关系。基础平面图的内容如下: (1)图名、图号、比例、文字说明。 (2)基础平面布置,即基础墙、构造柱、承重柱以及基础底面的形状、大小及其与轴线的相对位置关系,标注轴线尺寸、基础大小尺寸和定位尺寸。 (3)基础梁(圈梁)的位置及其代号。 (4)基础断面图的剖切线及编号,或注写基础代号。 (5)基础地面标高有变化时,应在基础平面图对应部位的附近画出剖面图来表示基底标高的变化,并标注相应基底的标高。 (6)在基础平面图上,应绘制与建筑平面相一致的定位轴,并标注相同的轴间尺寸及编号。此外,还应注出基础的定形尺寸和定位尺寸。 (7)线型。在基础平面图中,被剖切到基础墙的轮廓用粗实线,基础底部宽度用细实线,地沟为暗沟时用细虚线。图中材料的图例线与建筑平面图的线型一致

项　　目	内　　　　容
基础详图的表达内容	基础详图一般用平面图和剖面图表示,采用 1:20 的比例绘制,主要表示基础与轴线的关系、基础底标高、材料及构造做法。 　　因基础的外部形状较简单,一般将两个或两个以上的编号的基础平面图绘制成一个平面图。但是要把不同的内容表示清楚,以便于区分。 　　独立柱基础的剖切位置一般选择在基础的对称线上,投影方向一般选择从前向后投影。 　　基础详图图示的内容: 　　(1)图名(或基础代号)、比例、文字说明。 　　(2)基础断面图中轴线及其编号(若为通用断面图,则轴线圆圈内不予编号)。 　　(3)基础断面形状、大小、材料以及配筋。 　　(4)基础梁和基础圈梁的截面尺寸及配筋。 　　(5)基础圈梁与构造柱的连接做法。 　　(6)基础断面的详细尺寸和室内外地面、基础垫层底面的标高。 　　(7)防潮层的位置和做法

1.1.5　园林工程图的识读内容

1.竖向设计图的识读内容

竖向设计指的是在场地中进行垂直于水平方向的布置和处理,也就是地形高程设计,对于园林工程项目地形设计应包括:地形塑造,山水布局,园路、广场等铺装的标高和坡度以及地表排水组织。竖向设计不仅影响到最终的景观效果,还影响到地表排水的组织、施工的难易程度、工程造价等多个方面,此外,竖向设计图还是给水排水专业施工图绘制的条件图。

竖向设计图的内容如下:

1)除园林植物及道路铺装细节以外的所有园林建筑、山石、水体及其小品等造园素材的形状和位置。

2)现状与原地形标高,地形等高线、设计等高线的等高距一般取 0.25~0.5m,当地形较复杂时,需要绘制地形等高线放样网格。设计地形等高线用实线绘制,现状地形等高线用虚线绘制。

3)最高点或者某特殊点的位置和标高。

4)地形的汇水线和分水线,或用坡向箭头标明设计地面坡向,指明地表排水方向、排水的坡度等。

5)指北针,图例,比例,文字说明,图名。文字说明中应包括标注单位、绘图比例、高程系统的名称、补充图例等。

6)绘制重点地区、坡度变化复杂的地段的地形断面图,并标注标高、比例尺等。

2.给水排水平面布置图的识读内容

1)建筑物、构筑物及各种附属设施

厂区或小区内的各种建筑物、构筑物、道路、广场、绿地、围墙等,均按建筑总平面的图例根据其相对位置关系用细实线绘出其外形轮廓线。多层或高层建筑在左上角用小黑点数表示其层数,用文字注明各部分的名称。

2)管线及附属设施

厂区或小区内各种类型的管线是本图表述的重点内容,以不同类型的线型表达相应的管线,并标注相关尺寸,以满足水平定位要求。水表井、检查井、消火栓、化粪池等附属设备的布置情况以专用图例绘出,并标注其位置。

3.给水排水管道纵断面图的识读内容

1)原始地形、地貌与原有管道、其他设施

给水及排水管道纵断面图中,应标注原始地平线、设计地面线、道路、铁路、排水沟、河谷及与本管道相关的各种地下管道、地沟、电缆沟等的相对距离和各自的标高。

2)设计地面、管线及相关的建筑物、构筑物

绘出管线纵断面以及与之相关的设计地面、构筑物、建筑物,并进行编号。标明管道结构(管材、接口形式、基础形式)、管线长度、坡度与坡向、地面标高、管线标高(重力流标注内底、压力流标注管道中心线)、管道埋深、井号以及交叉管线的性质、大小与位置。

3)标高标尺

一般在图的左前方绘制一标高标尺,表达地面与管线等的标高及其变化。

1.2 园林绿化工程施工组织设计

1.2.1 园林工程施工组织设计的基本内容

施工组织设计的基本内容见表1-6。

表1-6 施工组织设计的基本内容

项　　目	内　　　　容
工程概况	(1)本项目的性质、规模、地点、结构特点、期限、分批交付使用的条件、合同条件; (2)本地区地形、地质、水文和气象情况; (3)施工力量,劳动力、机具、材料、构件等资源供应情况; (4)施工环境及施工条件等
施工部署及施工方案	(1)根据工程情况,结合人力、材料、机械设备、资金,施工方法等条件,全面部署施工任务,合理安排施工顺序,确定主要工程的施工方案; (2)对拟建工程可能采用的几个施工方案进行定性、定量的分析,通过技术经济评价,选择最佳方案
施工进度计划	(1)施工进度计划反映了最佳施工方案在时间上的安排,采用计划的形式,使工期、成本、资源等方面,通过计算和调整达到优化配置,符合项目目标的要求; (2)使工序有序地进行,使工期、成本、资源等通过优化调整达到既定目标,在此基础上编制相应的人力和时间安排计划、资源需求计划和施工准备计划
施工平面图	施工平面图是施工方案及施工进度计划在空间上的全面安排。它把投入的各种资源、材料、构件、机械、道路、水电供应网络、生产、生活活动场地及各种临时工程设施合理地布置在施工现场,使整个现场能有组织地进行文明施工
主要技术经济指标	技术经济指标用以衡量组织施工的水平,它是对施工组织设计文件的技术经济效益进行全面评价

1.2.2 园林工程施工组织设计的编制原则

园林工程施工组织设计的编制原则主要有:

(1)重视工程的组织对施工的作用;

(2)提高施工的工业化程度;

（3）重视管理创新和技术创新；

（4）重视工程施工的目标控制；

（5）积极采用国内外先进的施工技术；

（6）充分利用时间和空间，合理安排施工顺序，提高施工的连续性和均衡性；

（7）合理部署施工现场，实现文明施工。

1.2.3　园林工程施工组织总设计的编制程序

园林工程施工组织总设计的编制程序如下：

（1）收集和熟悉编制施工组织总设计所需的有关资料和图纸，进行项目特点和施工条件的调查研究；

（2）计算主要工种工程的工程量；

（3）确定施工的总体部署；

（4）拟订施工方案；

（5）编制施工总进度计划；

（6）编制资源需求量计划；

（7）编制施工准备工作计划；

（8）施工总平面图设计；

（9）计算主要技术经济指标。

应该指出，以上顺序中有些顺序必须这样，不可逆转，如：

（1）拟订施工方案后才可编制施工总进度计划（因为进度的安排取决于施工的方案）；

（2）编制施工总进度计划后才可编制资源需求量计划（因为资源需求量计划要反映各种资源在时间上的需求）。

1.2.4　园林工程施工组织设计的编制依据

园林工程施工组织设计包括施工组织总设计和单位工程施工组织设计，其编制依据见表1-7。

表1-7　园林工程施工组织设计的编制依据

项　目	编　制　依　据
施工组织总设计的编制依据	（1）计划文件； （2）设计文件； （3）合同文件； （4）地区基础资料； （5）有关的标准、规范和法律； （6）类似园林工程的资料和经验
单位工程施工组织设计的编制依据	（1）单位的意图和要求，如工期、质量、预算要求等； （2）工程的施工图纸及标准图； （3）施工组织总设计对本单位工程的工期、质量和成本的控制要求； （4）资源配置情况； （5）建筑环境、场地条件及地质、气象资料，如工程地质勘测报告、地形图和测量控制等； （6）有关的标准、规范和法律； （7）有关技术新成果和类似园林工程的资料和经验

1.2.5 园林绿化工程施工组织设计实例

施工组织设计(一)		编　号	××—×
工程名称	××工程	交底日期	××年　×月　×日
施工单位	××建筑工程公司		

一、工程概况

(1)某校新校区景观工程位于某经济技术开发区城南大道以北、湖东路以西地块,总用地面积31.1万 m^2 ,其中硬质铺装约为2.2万 m^2 ,水体景观面积约为0.27万 m^2 ,绿化景观面积约为28.13万 m^2 。

(2)景观内广场由中心广场、入口广场和校前广场等三大广场组成,主要景点有:紫襟园、渔人码头、师生桥、码头景观平台、主轴线景区、生活区铺装、环形人行道、发展用地汀步、生活区汀步、停车场彩色道板砖及嵌草砖铺面等组成。建成后将成为集休闲、学习和娱乐为一体的自然生态景观。

(3)本工程由某大学附属中学投资,某装饰园林工程有限公司设计,计划工期为60d。

(4)工程特点:本工程占地面积大,景点多而精致,局部工艺要求复杂,施工工期较短,土方造景线条流畅结合自然,工程质量创市优。

二、施工布置

根据本工程初步了解的信息及施工现场情况,结合本公司以往的施工经验和工作能力,制定本工程的施工布置。

1)布置原则。加强施工过程中的动态管理,合理安排施工机械、设备和劳动力的投入,在确保每道工序质量的前提下,立足抢时间争速度,科学地组织流水和交叉作业,严格劳动纪律,严肃施工调度命令,严格控制关键工序施工工期,确保按期、优质、高效地完成工程施工任务。

2)为确保施工的顺利进行,保证工程质量,成立某附中某校区园林景观工程项目部,负责本工程的总体管理,运用现代化管理手段,合理安排施工流水,统一协调各分部、分项施工,确保工程质量和施工进度。

3)工程管理目标

(1)工程工期:考虑本工程总施工工期为58d(2003年7月3日至2003年8月30日)。详见施工总进度计划表。(本文不再列举)

(2)工程质量

质量是企业的生命,公司一贯坚持质量第一方针,在该工程的施工管理目标上,严格按各道工序操作的动态管理把好工程质量关,在严格自检、互检、交接检的基础上,虚心听取业主、设计、监理等部门的意见,接受他们对各项工程施工的质量监督,取保工程质量优良。

4)安全施工

(1)工程施工期确保安全事故为零;

(2)严格执行《建筑施工安全检查标准》(JGJ 59),加强对安全生产的领导检查,对工程项目部的安全生产状况作定期的检查评比。

5)施工人员的安排与配备

根据以往的施工经验,考虑劳务清包为承建制劳务业施工队伍。要求施工队伍有良好的施工经历,人员相对保持固定,技术特种作业人员必须持证上岗。

三、施工准备

1. 施工现场准备

(1)搭设活动房四间作为项目部办公用房,活动房五间及砖砌房四间作为职工宿舍,书写标语及工程概况等相关信息,搭设砖砌库房一间作为工具、用具及零星材料堆放处。

(2)用挖掘机在现场挖排水沟,确保施工现场内无积水,水流向低洼地集中排放。

(3)复核和引测建设方提供的永久性坐标及高程控制点,测放施工现场控制网,布置控制桩,复核无误后用混凝土加以固定保护,并插入旗帜明示,以免破坏。

(4)按照提供的施工图纸计算工程量和材料分析,根据计算结果有计划地组织机械设备和材料进场,堆放于指定地点。

(5)施工用电设置总配电箱、埋设线杆架空、设总配电箱、二级配电箱,分部采用三相五线制、照明用电为单相三线制,除了工作零线外,增加一根重复接地线。所有的配电箱均使用标准电表箱。

2. 施工机械准备

按照施工机械需用量计划落实。

3. 建筑材料准备

(1)根据图纸设计要求提供小样经业主、设计方确认后方可进行采购。

(2)本工程所用的大部分材料均从公司稳定的供应商中选购或业主指定的产地购买,所有材料在进场前制定出详细的材料采购计划。

4. 劳动力组织计划的准备

(1)按照既定的现场管理组织机构配足管理人员,同时制定管理制度。

施工组织设计(二)		编　　号	××—×
工程名称	××工程	交底日期	××年　×月　×日
施工单位	××建筑工程公司		

(2)进场施工人员必须进行入场教育,包括公司及项目部管理制度的学习,安全知识教育,基本施工规程的学习等。

5.技术准备

(1)熟悉、会审施工图纸,积极与设计院联络,力求将图纸中的问题解决在施工之前。

(2)编制和审定施工组织设计及施工图预算,为工程开工提供准备。

(3)提出机械、构件加工、材料和外委托加工计划,力求保证工期进度的需要。

(4)根据设计要求和业主需要,绘制施工大样图。

(5)根据预算提出的劳动力计划,做到组织落实,保证施工要求。

四、主要分部、分项工程的施工方法

1.工程测量

(1)为了保证本工程的平面位置和几何尺寸符合图纸设计要求,并达到优良标准,对平面及高程控制要求如下:由项目副经理组织负责平面坐标及高程传递,项目施工员负责施工现场平面定位放线及BM点标高测量,公司技术质量部门负责平面坐标及高程的设控验收。

(2)轴线控制。根据建设方提供的坐标控制点,根据图纸设计方格网上坐标在施工区域范围内测设纵、横两道主控制线,设置控制桩,并用混凝土加以保护定位。然后用经纬仪根据控制桩测设全场方格网。

(3)放灰线:根据设计施工总平面图用石灰粉在施工区域内以10m×10m为一方格撒出方格网,定出施工作业面。

(4)BM点高程测设:根据建设方提供的高程控制点,用水准仪引测高程,并将方格网上每个角点的高程测设标注到绘制的测设图上,用以计算土方工程量。

(5)土方标高控制:根据设计高程和测设标高,计算出挖土深度,用水准仪及标尺控制挖土深度。

2.中心广场

为圆形台阶状硬质铺装,间以绿地分隔。按照图纸设计院要求测设出绿地分隔线,根据设计标高支模浇筑钢筋混凝土挡墙,然后采取边回填土边施工台阶基层的做法确保工期和成品保护。

3.入口广场

位于师生桥东西两侧,地面为硬质铺装,两侧各设8只树池,采用300×100×150花岗石,西侧布置有怀念景观(老槐树、挂钟、石头)。北侧布置有校训、卧石雕,配以隆起绿地。

4.校前广场

位于南大门入口处,师生桥南侧,有硬质拼花铺地、路牙及石雕组成该部分景点。考虑到石雕工艺较为复杂,拟采用外委托加工。

5.紫襟园区、主轴线道路及水池、环形人行道

紫襟园区、主轴线道路及水池、环形人行道均采用硬质铺装做法,发展用地汀步采用混凝土条板,生活区汀步采用碎花岗石。

6.硬质铺面工艺流程

清理地面—弹中心线—安放标准块—试拼—铺贴—养护—嵌缝—清洗。

(1)地面浮渣清理干净

(2)找出施工面四周的中心,弹出中心线,由标准标高线挂出地面标高线。

(3)花岗石饰面板表面不得有隐伤、风化等缺陷,不得采用易褪色的材料包装。

(4)预制人造石材面板应表面平整,几何尺寸准确,表面石粒均匀、洁净、颜色一致。

(5)安放标准块,用水平尺和角尺校正无误。

(6)图案拼花和纹理走向清晰的石材要试拼,满意后再正式拼贴。

(7)一般地面应从中间向四周铺贴,台阶一般由下向上铺设。

(8)正式铺贴前,用素水泥浆将基层刷一遍,随刷随铺。

(9)用1:3～1:4干性水泥砂浆找平,石材用水全部湿润并阴干放置。

(10)水泥浆涂抹在材背面,安放时必须四角同时落下,用橡皮锤敲击平实,缝隙顺直且小于1mm。

(11)室外安装光面和毛面的饰面板,接缝可干接或在水平缝中垫硬塑料条,垫硬塑料条时,应将压出保留部分,待砂浆硬化后,将硬塑料条剔出,用水泥细砂浆勾缝。干接缝处宜用与饰面板颜色相同的勾缝剂填抹。

(12)粗磨面、麻面、条纹面、天然面的接缝和勾缝应用水泥砂浆。勾缝深度应符合设计要求。

(13)路面碎拼石材施工前,应进行试拼,先拼图案,后拼其他部位。接缝应调协,不得有通缝,缝宽为5～20mm。

(14)施工时采用胶料的品种、掺合比例应符合设计要求并具有产品合格证。

(15)铺好的地面在2～3d内禁止上人,素水泥或勾缝剂嵌缝,表面应清洁干净。光面和镜面的饰面板经清洗晾干后方可打蜡擦亮。

(16)整批石材到货后,需先挑选石材色差、对角、大小、尺寸不一的,统一安排后方能正式铺贴。

(17)拌制砂浆应为不含有害物质的纯洁水。

施工组织设计(三)	编　　号	××—×
工程名称　　　　××工程	交底日期	××年　×月　×日
施工单位　　　　××建筑工程公司		

7. 渔码头

位于城南大道以北,停车场东侧位置,基层做法依次为60厚碎石垫层、60厚C10混凝土、40～50厚1:2水泥砂浆,面层做卵石铺装,青石板条带分隔。水岸布置自然石及木桩作为障碍,确保安全。

8. 师生桥

共有三座,结构及外观相同。

基础及桥面结构为单层三跨钢筋混凝土框架结构,柱两侧顶端预埋200×200铁板(8厚)用以焊接[30a槽钢,桥面为50厚柳桉面板,两侧安装木扶手,φ50镀锌钢柱用镀锌螺栓固定在槽上,上部焊接40×4镀锌扁铁,用以安装固定木扶手。桥面扶手为钢木扶手,上下为柳桉木扶手,中间用φ20镀锌钢丝及φ40镀锌螺纹管间隔。

浇筑混凝土柱时严格控制柱面标高,按设计标高预留5mm用同强度等级细石混凝土找平,柱侧面的预埋钢板预先用水准仪操平弹线固定在侧模板上。

所有的柳桉木必须经过防腐处理,钢构件均需镀锌并做防腐处理。

9. 码头景观平台

为300×300混凝土柱上做180×180实木栏杆,上铺12厚槽钢,楞木采用100×200硬木,上铺150×750×50实木地板,木栏杆立柱采用180×180实木,栏杆为200×60、40×100硬木,采用榫头连接。

10. 园路

(1)场内土方整体回填时,应将园路的位置用灰线放线,土质较松软的要换好土回填,园路部分的土方回填必须分层回填,并用压路机碾压密实,防止沉陷。

(2)按照图纸设计等高线用人工配合挖掘机整理出园路雏形,用压路机碾压至基底标高位置。(人工配合修平)

11. 给水排水工程

(1)按照设计规定材质确认采购。

(2)所有的管材、管件均必须具有出厂合格证、准用证,并经复试合格后方可使用。

(3)按照设计图纸以人工开挖沟槽,不允许超挖,超挖部分不允许回填土方。槽底不允许受水浸泡。

(4)要求按照设计要求选择管基用材,管道接口处应设混凝土支墩。

(5)管道施工前,应核对出口标高,确认无误后方可施工。

(6)污水管及排水管应做闭水试验,给水及喷灌系统应做1MPa的水压试验,试验合格后方可进行沟槽土方回填。

(7)沟槽开挖、管道安装、闭水试验、水压试验、沟槽回填等应及时做好资料签证隐蔽验收工作。

12. 电气亮化工程

(1)电气灯具的质量、型号必须符合图纸设计要求,管线的质量必须符合电气安装施工规范的要求。电线和穿线管必须经检测合格后方可应用于本工程。

(2)穿线管的预埋必须紧密配合土建施工,穿越混凝土的管线在混凝土浇筑时派有专人看管,以免浇筑时压扁或接头处进浆而造成管线破坏。

(3)灯具安装的位置应与设计图中的位置相符,藏地灯的四周与地面相接紧密,并略高于路面,设置于一线上的灯具中心误差不应大于3mm。

(4)灯具安装完成后应进行照明测试,检查供电性能,触电系统的灵敏度,并验收灯具、电气的观感质量,要求达到电气安装工程验收规范的规定。

五、技术质量保证措施

1. 目标管理

公司将执行质量保证体系,严格按各道工序操作的动态管理,把好工程质量关,在严格自检、互检、交接检的基础上,虚心听取业主、设计、监理等部门的意见,接受他们对各项施工的质量监督,确保工程质量优良。

2. 坐标及高程的控制措施

(1)开工前根据建设方提供的原始坐标点用全站仪引测传递到紧靠施工区域南侧路边,作为本工程的基准坐标及高程点。

(2)工程测量采用方格网测量,经纬仪、水准仪及钢尺必须进行统一标定、校验。

3. 土方工程质量控制措施

(1)根据测设的方格网角点高程及设计标高,用色笔在施工图纸上标示出控方区和填方区及平衡区,严格控制开挖深度,避免超挖。

(2)挖土必须及时排水,防止基土浸泡影响承载力。

(3)有构筑物区域的土方回填应选用较好的土质分层碾压,分层回填,确保上部结构的承载力。

4. 模板工程质量保证措施

(1)模板放样设计过程中,必须经过计算,使之有足够的强度、刚度及稳定性,能可靠地承受施工荷载。

(2)所有模板均按施工要求进行放大样,拼出模板施工图,模板安装必须按弹线位置施工。

(3)模板周转一次必须进行清理、刷油,严重变形的模板严禁使用。

(4)模板拆除必须按要求进行,提前拆模必须以同条件养护试块强度数据报监理同意后方可拆模。

施工组织设计(四)		编 号	××—×
工程名称	××工程	交底日期	××年 ×月 ×日
施工单位	××建筑工程公司		

5.混凝土工程质量保证措施

(1)严格按照配合比通知单计量配置,严格控制水灰比。

(2)浇筑混凝土前应清理模板内杂物,提前浇水湿润模板,在浇水过程中,注意观察模板支架、钢筋、预埋件和预留孔的位置,发生变形及时处理。

(3)混凝土施工应按照规范留置,浇筑前先凿毛表面,清理干净后浇水冲洗干净,用同品种强度等级的水泥砂浆灌浆。

(4)加强混凝土的养护工作,由专人定时浇水养护7d。

6.铺贴工程质量保证措施

(1)组织材料采购人员进行市场调研,做到"货比三家"。严把材料采购关,做到价廉物美。

(2)基层要求按施工面做到平整,铺贴时按面积分成若干块,先铺贴角点及中心点位置,用水平仪操平定位后拉"米"字线铺贴,确保表面平整。

(3)嵌缝时按缝宽做一压缝工具,确保嵌缝密实、平滑。

(4)检查拼装图案、颜色,确认无误后进行养护。

7.其他质量保证措施

(1)设专业资料员,建立园林工程档案制度,各项技术资料及时归档。

(2)坚持各工序交接班制度,道道工序把关,消除隐患,对各项隐蔽项目严格执行隐蔽验收制度。加强各分部、分项工程质量的自检、互检、交接检,做好质量评定。

六、文明施工保证措施

1.安全管理目标

公司将按照某市有关文明施工各项要求,保持良好的施工环境,文明施工,安全施工。

2.施工现场"四牌一图"

工程概况牌、安全生产标语牌、安全生产纪律牌、工地主要负责人名单、工地总平面布置图。

3.现场场容场貌管理

(1)工地设清洁工,生产、生活垃圾及时清理,保持施工和生活区的整洁。

(2)落实卫生专职管理人员和保洁人员,落实门前岗位责任制。

(3)按照设计地形图铺设施工便道,两侧排水明沟,并保持经常畅通。

4.材料堆放

(1)现场周转材料、设备堆放必须按总平面布置图所示位置堆放,并且堆放整齐,堆放高度不超过1.8m。

(2)钢筋和成型钢筋必须堆放在离地20cm的架空设施上。钢筋必须堆放在水泥硬地坪上,品种用木板或短钢筋隔开,一头必须整齐。

(3)所有进场材料必须进行标识,注明名称、品种、规格及检验和试验情况。

(4)易燃或易爆物品必须分类存放,设专人保管,并制定严密的管理制度。

七、安全生产保证措施

1.施工现场安全措施

(1)认真贯彻党和国家有关安全生产的方针、政策及公司的安全生产管理办法,要求一线施工管理人员和生产工人都熟知自己的安全职责和应承担的责任。

(2)建立安全生产保障体系,加强安全生产的管理,设立专职安全员,具体负责安全生产。

(3)牢固树立"安全第一、预防为主"的方针政策,切实做好施工安全的宣传、教育、检查、整改、评比工作,做到"三不伤害",保持安全值日,谁负责施工,谁负责安全。

(4)坚持证上岗制度,特殊工种必须持证上岗,中、小机械必须定人定机,经公司统一组织培训,考试合格才允许操作。

(5)严格执行办理动火证制度,氧气、乙炔瓶处严禁烟火靠近。木工间及易燃易爆存放地,严禁火种,并备有消防器材。

(6)认真执行安全生产技术交底制度,安全交底与施工技术交底同时进行,安全交底必须结合具体操作,有针对性。

(7)建立安全监督制度,消除事故隐患,杜绝"三违"现象的发生,班组有权拒绝违章指挥,并有权将违章行为越级上报。

2.施工现场安全用电措施

(1)施工临时用电的布置按总平面图规定架空,杆子用干燥圆木或水泥杆上设角铁横担,用绝缘子架设。

(2)施工用电管理,必须由取得上岗证的电工担任,必须严格按操作规程施工,无特殊原因及保护措施,不准带电工作,正确使用个人劳保用品。

(3)本工程所有机械设备一律采用接地保护和现场重复接地保护。

施工组织设计(五)		编　号	××—×
工程名称	××工程	交底日期	××年　×月　×日
施工单位	××建筑工程公司		

　　(4)配电箱一律选用标准箱,挂设高度1.4m,箱前左右1m范围内不准放置物品,门锁应完好、灵活,按规定做好重复保护接地。

　　(5)移动电箱的距离不大于30m,做到一机一闸一保护。

　　八、施工工期保证措施

　　(1)总计划控制:根据总工期计划,编制总施工进度计划,然后根据总进度计划布置,配备足够的人力、物力、财力,确保总计划的实现。

　　(2)月计划及周计划控制:根据总进度计划,编制月度及一周施工作业计划,与班组签定工期、质量、安全小合同,确保工期按计划进行,如遇到特殊情况延误工期,必须采取措施在后道工序补上。

　　(3)公司全力以赴,及时协调好内部各横向配合单位,供应部门为保证工地施工需求,限期满足施工计划中所应承担的施工任务,确保周材、物资的供应满足施工进度的要求。

　　(4)严格控制工程质量,以技术方案为先导,预控为手段,确保每分项一次成优,防止返工延误工期。

　　(5)对特殊关键工序,抓住关键的管理点,最大限度的缩短各工序的施工周期。

　　(6)加强机械设备的日常维修、保养,确保机械设备始终处于完好的运行状态,提高机械设备的利用率,确保施工顺利进行。

　　(7)调度及搭配好劳动力的来源,保证有足够的劳动力,确保施工工期。

　　(8)狠抓现场文明施工及成品保护工作,减少修复工作量,尽可能地缩短竣工收尾的工作时间。

　　九、雨期施工保证措施

　　(1)雨期施工主要以预防为主,采用防雨措施及加强排水手段确保雨季正常地进行生产,不受季节性气候的影响。

　　(2)加强雨期信息反馈,对近年来发生的问题采取防范措施设法排除。

　　(3)场地排水:对施工现场及构件生产基地应根据地形及地面排水系统进行疏通以保证水流畅通,不积水。

　　十、维保及售后服务

　　必须奉行质量是企业的生命的宗旨,不但在施工过程中严把质量关,对售后服务也作出相应的严谨措施。

　　(1)对所承建的工程分部项目保修期严格按国家相关规定执行。

　　(2)在竣工验收时,公司将与业主签订质量维护合同,明确规定竣工验收后的服务内容和服务期限,接受业主的监督。

　　(3)建立回访制度,工程竣工后每三个月公司将进行回访,请业主填写回访单,公司对业主提出的建议和意见在最短时间内进行有效处理,以期达到业主要求。

　　(4)留有保修保证金,在合同服务范围内给业主最大的放心。

第2章 工程量清单计价基础

2.1 工程量清单概述

2.1.1 工程量清单定义

工程量清单是表现拟建工程的分部分项工程项目、措施项目、其他项目名称和相应数量的明细清单,包括分部分项工程量清单、措施项目清单、其他项目清单、规费项目清单和税金项目清单。

2.1.2 工程量清单组成

1. 分部分项工程量清单

1)分部分项工程量清单的内容

应包括项目编码、项目名称、项目特征、计量单位和工程数量,并按"四个统一"的规定执行。"四个统一"为项目编码统一、项目名称统一、计量单位统一、工程量计算规则统一。招标人必须按该规定执行,不得因情况不同而变动。

2)分部分项工程量清单的统一编码

分部分项工程量清单项目的统一编码应以 12 位阿拉伯数字表示。12 位阿拉伯数字中,1~9位为全国统一编码。其中,1、2 位为附录顺序码,3、4 位为专业工程顺序码,5、6 位为分部工程顺序码,7、8、9 位为分项工程名称顺序码。编制分部分项工程量清单时,应按《园林绿化工程工程量计算规范》(GB 50858—2013)附录中的相应编码设置,不得变动。10~12 位是清单项目名称顺序编码,应根据拟建工程的工程量清单项目名称设置。同一招标工程的项目编码不得有重码。

3)分部分项工程量清单的项目名称的确定

(1)分部分项工程量清单的项目名称的设置应按《园林绿化工程工程量计算规范》(GB 50858—2013)附录的项目名称、项目特征,并结合拟建工程的实际情况确定。应考虑三个因素:一是项目名称应以附录中的项目名称为主体;二是附录中的项目特征应考虑项目的规格、型号、材质等特征要求;三是拟建工程的实际情况。结合拟建工程的实际情况,使其工程量清单项目名称具体化、详细化,反映工程造价的主要影响因素。

(2)《园林绿化工程工程量计算规范》(GB 50858—2013)规定,凡附录中的缺项,编制人可作补充。补充项目应填写在工程量清单相应分部工程项目之后,在"项目编码"栏中以"补"字示之,并应报省、自治区、直辖市工程造价管理机构备案。

(3)工程量清单项目的划分,一般是以一个"综合实体"考虑的,包括多项工程内容,并据此规定了相应的工程量计算规则。

4)分部分项工程量清单的计量单位的确定

分部分项工程量清单的计量单位应按《园林绿化工程工程量计算规范》(GB 50858—2013)附录中的统一规定确定。附录按国际惯例,工程量计量单位均采用基本单位计量,它与现行定额单位不一样。计量单位全国统一,一定要严格遵守,规定如下:长度计算单位为"m";面积计算单位为"m²";质量计算单位为"kg";体积和容积计算单位为"m³";自然计量单位为"台"、"套"、"个"、"组"等。

5)工程量清单中工程数量的计算规定

(1)工程数量应按《园林绿化工程工程量计算规范》(GB 50858—2013)附录中规定的工程量计算规则计算。

(2)工程数量的有效位数应遵守下列规定:

① 以"t"为单位,应保留小数点后三位数字,第四位四舍五入。

② 以"m³"、"m²"、"m"为单位,应保留小数点后两位数字,第三位四舍五入。

③ 以"个"、"项"为单位,应取整数。

2.措施项目清单

措施项目是指为完成工程项目施工,发生于该工程施工前和施工过程中的技术、生活、安全等方面的非工程实体项目。

(1)措施项目清单应根据拟建工程的具体情况,参照《园林绿化工程工程量计算规范》(GB 50858—2013)提供的"措施项目"列项。

(2)编制措施项目清单,当出现表中未列项目时,编制人可作补充。补充项目应列在清单项目最后,并在"序号"栏中以"补"字示之。

(3)措施项目分为通用项目、建筑工程措施项目、装饰装修工程措施项目、安装工程措施项目、市政工程措施项目。

3.其他项目清单

(1)其他项目清单主要体现了招标人提出的一些与拟建工程有关的特殊要求。其他项目清单应根据拟建工程的具体情况,参照预留金、材料购置费、总承包服务费、零星工作项目费等内容列项。这些特殊要求所需费用金额计入报价中。

(2)预留金是指招标人为可能发生的工程量变更而预留的金额。

(3)材料购置费是指招标人自行采购材料所发生的费用。

(4)总承包服务费是指为配合协调招标人进行的工程分包和材料采购所需的费用。

(5)零星工作项目费用是指完成招标人提出的,工程量暂估的零星工作所需的费用。

(6)零星工作项目表。零星工作项目是根据拟建工程的具体情况,以表格形式详细列出零星工作项目的人工、材料、机械的名称、计量单位和数量。

(7)其他项目清单除上述四项以外,其不足部分可由清单编制人作出补充项目,补充项目应列于清单项目最后,并以"补"字在"序号"栏中示之。

4.规费项目清单

(1)规费项目清单应按照下列内容列项:

① 工程排污费;

② 工程定额测定费;

③ 社会保障费:包括养老保险费、失业保险费、医疗保险费;

④ 住房公积金;

⑤ 危险作业意外伤害保险。

(2)出现上述未列的项目,应根据省级政府或省级有关权力部门的规定列项。

5. 税金项目清单

(1)税金项目清单应包括下列内容：

① 营业税；

② 城市维护建设税；

③ 教育费附加。

(2)出现上述未列的项目,应根据税务部门的规定列项。

2.1.3　工程量清单格式

工程量清单应采用统一格式,一般应由下列内容组成。

(1)封面:见表 2-1。由招标人填写、签字、盖章。

表 2-1　工程量清单封面格式

      _____工程

招标工程量清单

招　标　人：_____

(单位盖章)

造价咨询人：_____

(单位盖章)

年　　月　　日

（2）总说明：见表2-2。应按下列内容填写。

表2-2　总说明

工程名称：			第　页　共　页

（3）分部分项工程和措施项目计价表：应表明拟建工程的全部分项实体工程名称和相应数量，编制时应避免漏项、错项，见表2-3。

表2-3　分部分项工程和措施项目计价表

工程名称：

序号	项目编码	项目名称	项目特征描述	计量单位	工程量	金　额（元）		
						综合单位	合价	其中
								暂估价
				本页小计				
				合　计				

注：为计取规费等的使用，可在表中增设其中："定额人工费"。

（4）其他项目清单与计价汇总表：见表2-4。其他项目清单应根据拟建工程的具体情况，参照下列内容列项。

表2-4　其他项目清单与计价汇总表

工程名称：　　　　　　　　　　　　标段：　　　　　　　　　第　页　共　页

序号	项　目　名　称	金额(元)	结算金额(元)	备注
1	暂列金额			
2	暂估价			
2.1	材料(工程设备)暂估价/结算价			
2.2	专业工程暂估价/结算价			
3	计日工			
4	总承包服务费			
5	索赔与现场签证			
	合　计			

注：材料(工程设备)暂估单价进入清单项目综合单价，此处不汇总。

（5）暂列金额明细表：见表2-5。

表2-5　暂列金额明细表

工程名称：　　　　　　　　　　　　标段：　　　　　　　　　第　页　共　页

序号	项　目　名　称	计量单位	暂定金额(元)	备注
1				
2				
3				
4				
5				
6				
7				
8				
9				
10				
11				
	合　计			

注：此表由招标人填写，如不能详列，也可只列暂定金额总额，投标人应将上述暂列金额计入投标总价中。

2.1.4 工程量清单编制

1. 一般规定

工程量清单是招标文件的组成部分,主要由分部分项工程量清单、措施项目清单、其他项目清单、规费项目清单和税金项目清单等组成,是编制标底和投标报价的依据,是签订合同、调整工程量和办理竣工结算的基础。

工程量清单由有编制招标文件能力的招标人或受其委托具有相应资质的工程造价咨询机构、招标代理机构依据有关计价办法、招标文件的有关要求、设计文件和施工现场实际情况进行编制。

2. 工程量清单项目设置

1)项目编码

以五级编码设置,用 12 位阿拉伯数字表示。一、二、三、四级编码统一;第五级编码由工程量清单编制人区分具体工程的清单项目特征而分别编码。各级编码代表的含义如下。

(1)第一级表示分类码(分二位):房屋建筑和装饰工程为 01;通用安装工程为 03;市政工程为 04;园林绿化工程为 05。

(2)第二级表示章顺序码(分二位)。

(3)第三级表示节顺序码(分二位)。

(4)第四级表示清单项目码(分三位)。

(5)第五级表示具体清单项目编码(分三位)。

2)项目名称

原则上以形成工程实体而命名。项目名称如有缺项,招标人可按相应的原则进行补充,并报当地工程造价管理部门备案。

3)项目特征

是对项目的准确描述,是影响价格的因素,是设置具体清单项目的依据。项目特征按不同的工程部位、施工工艺或材料品种、规格等分别列项。凡项目特征中未描述到的其他独有特征,由清单编制人视项目具体情况确定,以准确描述清单项目为准。

4)计量单位

应采用基本单位,除各专业另有特殊规定外。

5)工程内容

工程内容是指完成该清单项目可能发生的具体工程,可供招标人确定清单项目和投标人投标报价参考。

凡工程内容中未列的其他具体工程,由投标人按照招标文件或图纸要求编制,以完成清单项目为准,综合考虑到报表中。

3. 工程数量的计算

工程数量的计算主要通过工程量计算规则计算得到。工程量计算规则是指对清单项目工程量的计算规定。除另有说明外,所有清单项目的工程量应以实体工程量为准,并以完成后的净值计算;投标人投标报价时,应在单价中考虑施工中的各种损耗和需要增加的工程量。

4. 工程量清单编制的原则

(1)满足建设工程施工招标的需要,能对工程造价进行合理确定和有效控制。

(2)做到"四个统一",即统一项目编码、统一工程量计算规则、统一计量单位、统一项目名称。

（3）利于规范建筑市场的计价行为，促进企业经营管理、技术进步，增加市场上的竞争力。

（4）适当考虑我国目前工程造价管理工作现状，实行市场调节价。

5. 工程量清单的编制依据

（1）招标文件规定的相关内容。

（2）拟建工程设计施工图纸。

（3）施工现场的情况。

（4）统一的工程量计算规则、分部分项工程的项目划分、计量单位等。

2.2　工程计价概述

2.2.1　工程定额的分类

工程定额是在合理的劳动组织和合理地使用材料与机械的条件下，完成一定计量单位合格建筑产品所消耗资源的数量标准。工程定额是一个综合概念，是建设工程造价计价和管理中各类定额的总称，包括许多种类的定额，可以按照不同的原则和方法对它进行分类。

1. 按定额反映的生产要素消耗内容分类

按定额反映的生产要素消耗内容分类，可以把工程定额划分为劳动消耗定额、机械消耗定额和材料消耗定额三种。

1）劳动消耗定额

简称劳动定额（也称为人工定额），是指完成一定数量的合格产品（工程实体或劳务）规定活劳动消耗的数量标准。劳动定额的主要表现形式是时间定额，但同时也表现为产量定额。时间定额与产量定额互为倒数。

2）机械消耗定额

是指为完成一定数量的合格产品（工程实体或劳务）所规定的施工机械消耗的数量标准。机械消耗定额的主要表现形式是机械时间定额，同时也以产量定额表现。

3）材料消耗定额

简称材料定额，是指完成一定数量的合格产品所需消耗的原材料、成品、半成品、构配件、燃料以及水、电等动力资源的数量标准。

2. 按定额的用途分类

按定额的用途分类，可以把工程定额分为施工定额、预算定额、概算定额、概算指标、投资估算指标五种。

1）施工定额

施工定额是施工企业（建筑安装企业）组织生产和加强管理在企业内部使用的一种定额，属于企业定额的性质。施工定额是以同一性质的施工过程——工序作为对象编制，表示生产产品数量与生产要素消耗综合关系的定额。为了适应组织生产和管理的需要，施工定额的项目划分很细，是工程定额中分项最细、定额子目最多的一种定额，也是工程定额中的基础性定额。

2）预算定额

预算定额是在编制施工图预算阶段，以工程中的分项工程和结构构件为对象编制，用来计算工程造价和计算工程中的劳动、机械台班、材料需要量的定额。预算定额是一种计价性定额。从编制程序上看,预算定额是以施工定额为基础综合扩大编制的,同时它也是编制概算定额的基础。

3)概算定额

概算定额是以扩大分项工程或扩大结构构件为对象编制的,计算和确定劳动、机械台班、材料消耗量所使用的定额,也是一种计价性定额。概算定额是编制扩大初步设计概算、确定建设项目投资额的依据。概算定额的项目划分粗细,与扩大初步设计的深度相适应,一般是在预算定额的基础上综合扩大而成的,每一综合分项概算定额都包含了数项预算定额。

4)概算指标

概算指标的设定和初步设计的深度相适应,比概算定额更加综合扩大。概算指标是概算定额的扩大与合并,它是以整个建筑物和构筑物为对象,以更为扩大的计量单位来编制的。概算指标的内容包括劳动、机械台班、材料定额三个基本部分,同时还列出了各结构分部的工程量及单位建筑工程(以体积计或面积计)的造价,是一种计价性定额。

5)投资估算指标

它是在项目建议书和可行性研究阶段编制投资估算、计算投资需要量时使用的一种定额。它非常概略,往往以独立的单项工程或完整的工程项目为计算对象,编制内容是所有项目费用之和。投资估算指标是一种计价性定额。

3.按照适用范围分类

工程定额按照适用范围分类,分为全国通用定额、行业通用定额和专业专用定额三种。

1)全国通用定额

是指在部门间和地区间都可以使用的定额。

2)行业通用定额

是指具有专业特点在行业部门内可以通用的定额。

3)专业专用定额

是特殊专业的定额,只能在指定的范围内使用。

4.按主编单位和管理权限分类

工程定额按主编单位和管理权限分类,可以分为全国统一定额、行业统一定额、地区统一定额、企业定额、补充定额五种。

1)全国统一定额

是由国家建设行政主管部门综合全国工程建设中技术和施工组织管理的情况编制,并在全国范围内执行的定额。

2)行业统一定额

是考虑到各行业部门专业工程技术特点,以及施工生产和管理水平编制的。一般只在本行业和相同专业性质的范围内使用。

3)地区统一定额

包括省、自治区、直辖市定额。地区统一定额主要是考虑地区性特点对全国统一定额水平作适当调整和补充编制的。

4)企业定额

是自由施工企业考虑本企业具体情况,参照国家、部门或地区定额的水平制定的定额。企业定额只在企业内部使用,是企业素质的一个标志。企业定额水平一般应高于国家现行定额,才能满足生产技术发展、企业管理和市场竞争的需要。

5）补充定额

是指随着设计、施工技术的发展,现行定额不能满足需要的情况下,为了补充缺陷所编制的定额。补充定额只能在指定的范围内使用,可以作为以后修订定额的基础。

2.2.2　工程定额的特点

1. 科学性

工程定额的科学性包括两重含义。一重含义是指工程定额和生产力发展水平相适应,反映出工程建设中生产消费的客观规律。另一重含义,是指工程定额管理在理论、方法和手段上适应现代科学技术和信息社会发展的需要。

工程定额的科学性,首先表现在用科学的态度制定定额,尊重客观实际,力求定额水平合理;其次表现在制定定额的技术方法上,利用现代科学管理的成就,形成一套系统的、完整的、在实践中行之有效的方法;第三,表现在定额制定和贯彻的一体化。制定定额是为了提供贯彻的依据,贯彻是为了实现管理的目标,也是对定额的信息反馈。

2. 系统性

工程定额是相对独立的系统。它是由多种定额结合而成的有机的整体。它的结构复杂、层次鲜明、目标明确。工程定额的系统性是由工程建设的特点决定的。

3. 统一性

工程定额的统一性,主要是由国家对经济发展的有计划的宏观调控职能决定的。为了使国民经济按照既定的目标发展,就需要借助于某些标准、定额、参数等,对工程建设进行规划、组织、调节、控制。

工程定额的统一性按照其影响力和执行范围来看,有全国统一定额,地区统一定额和行业统一定额等等;按照定额的制定、颁布和贯彻使用来看,有统一的程序、统一的原则、统一的要求和统一的用途。

4. 指导性

工程定额的指导性的客观基础是定额的科学性。只有科学的定额才能正确地指导客观的交易行为。工程定额的指导性体现在两个方面:一方面工程定额作为国家各地区和行业颁布的指导性依据,可以规范建设市场的交易行为,在具体的建设产品定价过程中也可以起到相应的参考性作用,同时统一定额还可以作为政府投资项目定价以及造价控制的重要依据;另一方面,在现行的工程量清单计价方式下,体现交易双方自主定价的特点,投标人报价的主要依据是企业定额,但企业定额的编制和完善仍然离不开统一定额的指导。

5. 稳定性与时效性

工程定额中的任何一种都是一定时期技术发展和管理水平的反映,因而在一段时间内都表现出稳定的状态。稳定的时间有长有短,一般在 5 年至 10 年之间。保持定额的稳定性是维护定额的指导性所必须的,更是有效地贯彻定额所必要的。

2.2.3　工程定额计价的基本程序

以预算定额单价法确定工程造价,是我国采用的一种与计划经济相适应的工程造价管理制度。工程定额计价模式实际上是国家通过颁布统一的计价定额或指标,对建筑产品价格进行有计划的管理。国家以假定的建筑安装产品为对象,制定统一的预算和概算定额,计算出每一单元子项的费用后,再综合形成整个工程的价格。

工程计价的基本程序如图2-1所示。

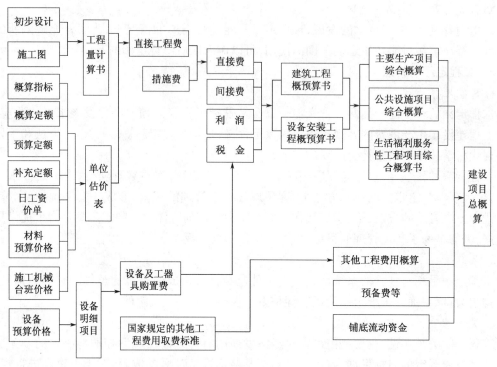

图2-1 园林绿化工程造价定额计价程序示意图

从图2-1中可以看出,编制园林绿化工程造价最基本的过程有两个:工程量计算和工程计价。为统一口径,工程量的计算均按照统一的项目划分和工程量计算规则计算。

2.2.4 工程量清单计价基本方法与程序

工程量清单计价的基本过程可以描述为:在统一的工程量清单项目设置的基础上,制定工程量清单计量规则,根据具体工程的施工图纸计算出各个清单项目的工程量,再根据各种渠道所获得的工程造价信息和经验数据计算得到工程造价。这一基本的计算过程如图2-2所示。

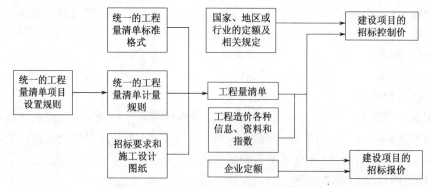

图2-2 工程造价工程量清单计价过程示意

从工程量清单计价的过程示意图中可以看出,其编制过程可以分为两个阶段:工程量清单的编制和利用工程量清单来编制投标报价(或招标控制价)。投标报价是在业主提供的工程量计算结果的基础上,根据企业自身所掌握的各种信息、资料,结合企业定额编制得出的。

2.2.5 工程量清单计价的适用范围

1. 工程量清单计价的适用范围

全部使用国有资金(含国家融资资金)投资或国有资金投资为主(以下二者简称国有资金投资)的工程建设项目应执行工程量清单计价方式确定和计算工程造价。

1)国有资金投资的工程建设项目

国有资金投资的工程建设项目主要包括以下内容:

(1)使用各级财政预算资金的项目。

(2)使用纳入财政管理的各种政府性专项建设资金的项目。

(3)使用国有企事业单位自有资金,并且国有资产投资者实际拥有控制权的项目。

2)国家融资资金投资的工程建设项目

国家融资资金投资的工程建设项目主要包括以下内容:

(1)使用国家发行债券所筹资金的项目。

(2)使用国家对外借款或者担保所筹资金的项目。

(3)使用国家政策性贷款的项目。

(4)国家授权投资主体融资的项目。

(5)国家特许的融资项目。

3)国有资金(含国家融资资金)为主的工程建设项目

是指国有资金占投资总额 50% 以上,或虽不足 50% 但国有投资者实质上拥有控股权的工程建设项目。

2. 工程量清单计价的操作过程

工程量清单计价活动涵盖施工招标、合同管理以及竣工交付全过程,主要包括:工程量清单的编制,招标控制价、投标报价的编制,工程合同价款的约定,竣工结算的办理以及施工过程中的工程计量、工程价款支付、索赔与现场签证、工程价款调整和工程计价争议处理等活动。

2.2.6 工程量清单计价的作用

1. 提供一个平等的竞争条件

采用施工图预算来投标报价,由于设计图纸的缺陷,不同施工企业的人员理解不一,计算出的工程量也不同,报价就更相去甚远,也容易产生纠纷。而工程量清单报价就为投标者提供了一个平等竞争的条件,相同的工程量,由企业根据自身的实力来填不同的单价。投标人的这种自主报价,使得企业的优势体现到投标报价中,可在一定程度上规范建筑市场秩序,确保工程质量。

2. 满足市场经济条件下竞争的需要

招标投标过程就是竞争的过程,招标人提供工程量清单,投标人根据自身情况确定综合单价,利用单价与工程量逐项计算每个项目的合价,再分别填入工程量清单表内,计算出投标总价。单价成了决定性的因素,定高了不能中标,定低了又要承担过大的风险。单价的高低直接取决于企业管理水平和技术水平的高低,这种局面促成了企业整体实力的竞争,有利于我国建设市场的快速发展。

3. 有利于提高工程计价效率,能真正实现快速报价

采用工程量清单计价方式,避免了传统计价方式下招标人与投标人在工程量计算上的重

复工作,各投标人以招标人提供的工程量清单为统一平台,结合自身的管理水平和施工方案进行报价,促进了各投标人企业定额的完善和工程造价信息的积累和整理,体现了现代工程建设中快速报价的要求。

4.有利于工程款的拨付和工程造价的最终结算

中标后,业主要与中标单位签订施工合同,中标价就是确定合同价的基础,投标清单上的单价就成了拨付工程款的依据。业主根据施工企业完成的工程量,可以很容易地确定进度款的拨付额。工程竣工后,根据设计变更、工程量增减等,业主也很容易确定工程的最终造价,可在某种程度上减少业主与施工单位之间的纠纷。

5.有利于业主对投资的控制

采用工程量清单报价的方式可对投资变化一目了然,在欲进行设计变更时,能马上知道它对工程造价的影响,业主能根据投资情况来决定是否变更或进行方案比较,以决定最恰当的处理方法。

2.3 工程量清单计价的确定

2.3.1 工程量清单计价的基本方法与程序

工程量清单计价的基本过程可以描述为:在统一的工程量清单项目设置的基础上,制定工程量清单计量规则,根据具体工程的施工图纸计算出各个清单项目的工程量,再根据各种渠道所获得的工程造价信息和经验数据计算得到工程造价。这一基本的计算过程如图 2-3 所示。

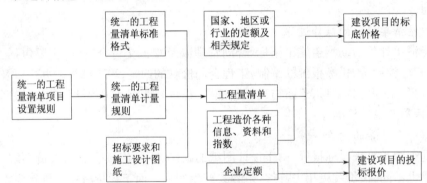

图 2-3   工程造价工程量清单计价过程示意图

从工程量清单计价的过程示意图中可以看出,其编制过程可以分为两个阶段:工程量清单的编制和利用工程量清单来编制投标报价(或标底价格)。投标报价是在业主提供的工程量计算结果的基础上,根据企业自身所掌握的各种信息、资料,结合企业定额编制得出的。

(1)分部分项工程费 = ∑ 分部分项工程量 × 相应分部分项工程单价

其中分部分项工程单价由人工费、材料费、机械费、管理费、利润等组成,并考虑风险费用。

(2)措施项目费 = ∑ 各措施项目费

措施项目分为通用项目、建筑工程措施项目、安装工程措施项目、装饰装修工程措施项目和市政工程措施项目,每项措施项目费均为合价,其构成与分部分项工程单价构成类似。

(3)其他项目费 = 招标人部分金额 + 投标人部分金额

(4)单位工程报价 = 分部分项工程费 + 措施项目费 + 其他项目费 + 规费 + 税金

（5）单项工程报价 = ∑ 单位工程报价

（6）建设项目总报价 = ∑ 单项工程报价

2.3.2　工程量清单计价的操作过程

就我国目前的实践而言,工程量清单计价作为一种市场价格的形成机制,其使用主要在工程施工招标投标阶段。因此工程量清单计价的操作过程可以从招标、投标、评标三个阶段来阐述。

1）工程施工招标阶段

工程量清单计价在施工招标阶段的应用主要是编制标底。在建设部《建筑工程施工发包与承包计价管理办法》(建设部 107 号令)中,对招标标底的编制作了规定,指出标底编制的主要依据包括:国务院和省、自治区、直辖市人民政府建设行政主管部门制定的工程造价计价办法以及其他有关规定,市场价格信息。

《建设工程工程量清单计价规范》中进一步强调:"实行工程量清单计价招标投标建设工程,其招标标底、投标报价的编制、合同价款的确定与调整、工程结算应按本规范进行",并进一步规定"招标工程如设标底,标底应根据招标文件中的工程量清单和有关要求、施工现场实际情况、合理的施工方法,以及按照建设行政主管部门制定的有关工程造价计价办法进行编制"。

工程量清单下的标底价必须严格按照"规范"进行编制,以工程量清单给出的工程数量和综合的工程内容,按市场价格计价。对工程量清单开列的工程数量和综合的工程内容不得随意更改、增减,必须保持与各投标单位计价口径的统一。

2）投标单位作标书阶段

投标单位接到招标文件后,首先要对招标文件进行透彻的分析研究,对图纸进行仔细的理解;其次,要对招标文件中所列的工程量清单进行复核,复核中,要视招标单位是否允许对工程量清单内所列的工程量误差进行调整决定复核办法;第三,工程量套用单价及汇总计算。根据我国现行的工程量清单计价办法,单价采用的是全费用单价(即综合单价)。

3）评标阶段

在评标时可以对投标单位的最终总报价以及分项工程的综合单价的合理性进行评分。由于采用了工程量清单计价方法,所有投标单位都站在同一起跑线上,因而竞争更为公平合理,有利于实现优胜劣汰,而且在评标时一般应坚持合理低标价中标的原则。

2.3.3　工程量清单计价法的特点

1. 实现了工程交易的市场定价

工程造价的计价具有多次性特点,在项目建设的各个阶段都要进行造价的预测与计算。在投资决策、初步设计、扩大初步设计和施工图设计阶段,业主委托有关的工程造价咨询人根据某一阶段所具备的信息进行确定和控制,这一阶段的工程造价并不完全具备价格属性,因为此时交易的另一方主体还没有真正出现,此时的造价确定过程可以理解为是业主的单方面行为,属于业主对投资费用管理的范畴。

在工程量清单计价方法的招标方式下,由业主或招标单位根据统一的工程量清单项目设置规则和工程量清单计量规则编制工程量清单,鼓励企业自主报价,业主根据其报价,结合质量、工期等因素综合评定,选择最佳的投标企业中标。在这种模式下,标底不再成为评标的主要依据,甚至可以不编标底,从而在工程价格的形成过程中摆脱了长期以来的计划管理色彩,而由市场的参与双方主体自主定价,符合价格形成的基本原理。

工程量清单计价真实反映工程实际,为把定价自主权交给市场参与方提供了可能。在工程招标投标过程中,投标企业在投标报价时必须考虑工程本身的内容、范围、技术特点要求以及招标文件的有关规定、工程现场情况等因素;同时还必须充分考虑到许多其他方面的因素,如投标单位自己制定的工程总进度计划、施工方案、分包计划、资源安排计划等。

2. 工程量清单计价方法与定额计价方法的区别

与定额计价方法相比,工程量清单计价方法有一些重大区别,这些区别也体现出了工程量清单计价方法的特点:

(1)两种模式的最大差别在于体现了我国建设市场发展过程中的不同定价阶段。定额计价模式更多地反映了国家定价或国家指导价阶段。清单计价模式则反映了市场定价阶段。

(2)两种模式的主要计价依据及其性质不同。定额计价模式的主要计价依据为国家、省、有关专业部门制定的各种定额,其性质为指导性,定额的项目划分一般按施工工序分项,每个分项工程项目所含的工程内容一般是单一的。清单计价模式的主要计价依据为"清单计价规范",其性质是含有强制性条文的国家标准,清单的项目划分一般是按"综合实体"进行分项的,每个分项工程一般包含多项工程内容。

(3)编制工程量的主体不同。在定额计价方法中,建设工程的工程量分别由招标人和投标人分别按图计算。而在清单计价方法中,工程量由招标人统一计算或委托有关工程造价咨询资质单位统一计算,工程量清单是招标文件的重要组成部分,各投标人根据招标人提供的工程量清单,根据自身的技术装备、施工经验、企业成本、企业定额、管理水平自主填写单价与合价。

(4)单价与报价的组成不同。定额计价法的单价包括人工费、材料费、机械台班费,而清单计价方法采用综合单价形式,综合单价包括人工费、材料费、机械使用费、管理费、利润,并考虑风险因素。工程量清单计价法的报价除包括定额计价法的报价外,还包括预留金、材料购置费和零星工作项目费等。

(5)合同价格的调整方式不同。定额计价方法形成的合同,其价格的主要调整方式有:变更签证、定额解释、政策性调整。而工程量清单计价方法在一般情况下单价是相对固定下来的,减少了在合同实施过程中的调整活口,通常情况下,如果清单项目的数量没有增减,能够保证合同价格基本没有调整,保证了其稳定性,也便于业主进行资金准备和筹划。

(6)工程量清单计价把施工措施性消耗单列并纳入了竞争的范畴。定额计价未区分施工实体性损耗和施工措施性损耗,而工程量清单计价把施工措施与工程实体项目进行分离,这项改革的意义在于突出了施工措施费用的市场竞争性。工程量清单计价规范的工程量计算规则的编制原则一般是以工程实体的净尺寸计算,也没有包含工程量合理损耗,这一特点也就是定额计价的工程量计算规则与工程量清单计价规范的工程量计算规则的本质区别。

2.3.4 工程量清单计价法的作用

(1)工程量清单计价法是规范建设市场秩序,适应社会主义市场经济发展的需要。工程造价是工程建设的核心内容,也是建设市场运行的核心内容,建设市场上存在的许多不规范行为大多都与工程造价有关。工程定额在工程承发包计价过程中调节双方利益、反映市场价格方面显得滞后,特别是在公开、公平、公正竞争方面缺乏合理完善的机制。工程量清单计价是市场形成工程造价的主要形式,有利于发挥企业自主报价的能力,实现政府定价到市场定价的转变;有利于规范业主在招标中的行为,有效改变招标单位在招标中盲目压价的行为,从而真正体现公开、公平、公正的原则,反映市场经济规律。

(2)工程量清单计价法是为促进建设市场有序竞争和企业健康发展的需要。采用工程量清单计价模式的招标投标,由于工程量清单是招标文件的组成部分,招标人必须编制出准确的工程量清单,并承担相应的风险,促进招标单位提高管理水平。

工程量清单计价方法的实行,有利于规范建设市场计价行为,规范建设市场秩序,促进建设市场有序竞争;有利于控制建设项目投资,合理利用资源;有利于促进企业技术进步,提高劳动生产率;有利于提高造价工程师的素质,使其成为懂技术、懂经济、懂管理的全面发展的复合型人才。

(3)工程量清单计价法有利于我国工程造价管理政府职能的转变。按照政府部门真正履行"经济调节、市场监管、社会管理和公共服务"职能的要求,政府对工程造价政府管理的模式要相应改变,推行政府宏观调控、企业自主报价、市场竞争形成价格、社会全面监督的工程造价管理思路。实行工程量清单计价,有利于我国工程造价管理政府职能的转变,由过去政府控制的指令性定额转变为制定适应市场经济规律需要的工程量清单计价方法,由过去行政直接干预转变为对工程造价依法监管,有效地强化政府对工程造价的宏观调控。

(4)工程量清单计价法是适应我国加入世界贸易组织(WTO),融入世界大市场的需要。工程量清单计价是国际通行的计价做法,在我国实行工程量清单计价,有利于提高国内各方主体参与国际化竞争的能力,有利于提高工程建设的管理水平。

第3章　园林绿化工程量清单计价相关规范

3.1　《建设工程工程量清单计价规范》(GB 50500—2013)简介

3.1.1　规范的编制原则与特点

1. 编制原则

(1)计价规范编制原则,具体见表3-1。

表3-1　计价规范编制原则

项　　目	内　　　　容
依法原则	建设工程计价活动受《中华人民共和国合同法》等多部法律、法规的管辖。因此,"13 规范"与"08 规范"一样,对规范条文做依法设置。例如,有关招标控制价的设置,就遵循了《政府采购法》的相关规定,以有效的遏制哄抬标价的行为;有关招标控制价投诉的设置,就遵循了《招标投标法》的相关规定,既维护了当事人的合法权益,又保证了招标活动的顺利进行;有关合理工期的设置,就遵循了《建设工程质量管理条例》的相关规定,以促使施工作业有序进行,确保工程质量和安全;有关工程结算的设置,就遵循了《合同法》以及相关司法解释的相关规定
权责对等原则	在建设工程施工活动中,不论发包人或承包人,有权利就必然有责任。"13 规范"仍然坚持这一原则,杜绝只有权利没有责任的条款。如"08 规范"关于工程量清单编制质量的责任由招标人承担的规定,就有效遏制了招标人以强势地位设置工程量偏差由投标人承担的做法
公平交易原则	建设工程计价从本质上讲,就是发包人与承包人之间的交易价格,在社会主义市场经济条件下要做到公平进行。"08 规范"关于计价风险合理分担的条文,及其在条文说明中对于计价风险的分类和风险幅度的指导意见,就得到了工程建设各方的认同,因此,"13 规范"将其正式条文化
可操作性原则	"13 规范"尽量避免条文点到就止,十分重视条文有无可操作性。例如招标控制价的投诉问题,"08 规范"仅规定可以投诉,但没有操作方面的规定,"13 规范"在总结黑龙江、山东、四川等地做法的基础上,对投诉时限、投诉内容、受理条件、复查结论等作了较为详细的规定
从约原则	建设工程计价活动是发承包双方在法律框架下签约、履约的活动。因此,遵从合同约定,履行合同义务是双方的应尽之责。"13 规范"在条文上坚持"按合同约定"的规定,但在合同约定不明或没有约定的情况下,发承包双方发生争议时不能协商一致,规范的规定就会在处理争议方面发挥积极作用

(2)计量规范编制原则,具体见表3-2。

表3-2　计量规范编制原则

项　　目	内　　　　容
项目编码唯一性原则	"13 规范"虽然将"08 规范"附录独立,新修编为 9 个计量规范,但项目编码仍按"03 规范"、"08 规范"设置的方式保持不变。前两位定义为每本计量规范的代码,使每个项目清单的编码都是唯一的,没有重复

续表

项　　目	内　　容
项目设置简明适用原则	"13 计量规范"在项目设置上以符合工程实际、满足计价需要为前提,力求增加新技术、新工艺、新材料的项目,删除技术规范已经淘汰的项目
项目特征满足组价原则	"13 计量规范"在项目特征上,对凡是体现项目自身价值的都作出规定,不以工作内容已有,而不在项目特征中作出要求。 (1)对工程计价无实质影响的内容不作规定,如现浇混凝土梁底板标高等。 (2)对应由投标人根据施工方案自行确定的不作规定,如预裂爆破的单孔深度及装药量等。 (3)对应由投标人根据当地材料供应及构件配料决定的不作规定,如混凝土拌合料的石子种类及粒径、砂的种类等。 (4)对应由施工措施解决并充分体现竞争要求的,注明了特征描述时不同的处理方式,如弃土运距等
计量单位方便计量原则	计量单位应以方便计量为前提,注意与现行工程定额的规定衔接。如有两个或两个以上计量单位均可满足某一工程项目计量要求的,均予以标注,由招标人根据工程实际情况选用
工程量计算规则统一原则	"13 计量规范"不使用"估算"之类的词语;对使用两个或两个以上计量单位的,分别规定了不同计量单位的工程量计算规则;对易引起争议的,用文字说明,如钢筋的搭接如何计量等

2. 编制特点

"13 规范"全面总结了"03 规范"实施 10 年来的经验,针对存在的问题,对"08 规范"进行全面修订,与之比较,具体特点见表 3-3。

表 3-3　"13 规范"编制特点

特　　点	内　　容
确立了工程计价标准体系的形成	"03 规范"发布以来,我国又相继发布了《建筑工程建筑面积计算规范》(GB/T 50353—2005)、《水利工程工程量清单计价规范》(GB 50501—2007)、《建设工程计价设备材料划分标准》(GB/T 50531—2009),此次修订,共发布 10 本工程计价、计量规范,特别是 9 个专业工程计量规范的出台,使整个工程计价标准体系明晰了,为下一步工程计价标准的制定打下了坚实的基础
扩大了计价计量规范的适用范围	"13 计价规范、计量规范"明确规定,"本规范适用于建设工程发承包及实施阶段的计价活动"、"13 计量规范"并规定"××工程计价,必须按本规范规定的工程量计算规则进行工程计量"。而非"08 规范"规定的"适用于工程量清单计价活动"。表明了不分何种计价方式,必须执行计价计量规范,对规范发承包双方计价行为有了统一的标准
深化了工程造价运行机制的改革	"13 规范"坚持了"政府宏观调控、企业自主报价、竞争形成价格、监管行之有效"的工程造价管理模式的改革方向。在条文设置上,使其工程计量规则标准化、工程计价行为规范化、工程造价形成市场化
强化了工程计价计量的强制性规定	"13 规范"在保留"08 规范"强制性条文的基础上,又在一些重要环节新增了部分强制性条文,在规范发承包双方计价行为方面得到了加强
注重了与施工合同的衔接	"13 规范"明确定义为适用于"工程施工发承包及实施阶段……"因此,在名词、术语、条文设置上尽可能与施工合同相衔接,既重视规范的指引和指导作用,又充分尊重发承包双方的意思自治,为造价管理与合同管理相统一搭建了平台
明确了工程计价风险分担的范围	"13 规范"在"08 规范"计价风险条文的基础上,根据现行法律法规的规定,进一步细化、细分了发承包阶段工程计价风险,并提出了风险的分类负担规定,为发承包双方共同应对计价风险提供了依据

特　点	内　　　容
完善了招标控制价制度	自"08规范"总结了各地经验,统一了招标控制价称谓,在《招标投标法实施条例》中又以最高投标限价得到了肯定。"13规范"从编制、复核、投诉与处理对招标控制价作了详细规定
规范了不同合同形式的计量与价款交付	"13规范"针对单价合同、总价合同给出了明确定义,指明了其在计量和合同价款中的不同之处,提出了单价合同中的总价项目和总价合同的价款支付分解及支付的解决办法
统一了合同价款调整的分类内容	"13规范"按照形成合同价款调整的因素,归纳为5类14个方面,并明确将索赔也纳入合同价款调整的内容,每一方面均有具体的条文规定,为规范合同价款调整提供了依据
确立了施工全过程计价控制与工程结算的原则	"13规范"从合同约定到竣工结算的全过程均设置了可操作性的条文,体现了发承包双方应在施工全过程中管理工程造价,明确规定竣工结算应依据施工过程中的发承包双方确认的计量、计价资料办理的原则,为进一步规范竣工结算提供了依据
提供了合同价款争议解决的方法	"13规范"将合同价款争议专列一章,根据现行法律规定立足于把争议解决在萌芽状态,为及时并有效解决施工过程中的合同价款争议,提出了不同的解决方法
增加了工程造价鉴定的专门规定	由于不同的利益诉求,一些施工合同纠纷采用仲裁、诉讼的方式解决,这时,工程造价鉴定意见就成了一些施工合同纠纷案件裁决或判决的主要依据。因此,工程造价鉴定除应按照工程计价规定外,还应符合仲裁或诉讼的相关法律规定,"13规范"对此作了规定
细化了措施项目计价的规定	"13规范"根据措施项目计价的特点,按照单价项目、总价项目分类列项,明确了措施项目的计价方式
增强了规范的操作性	"13规范"尽量避免条文点到为止,增加了操作方面的规定。"13计量规范"在项目划分上体现简明适用;项目特征既体现本项目的价值,又方便操作人员的描述;计量单位和计算规则,既方便了计量的选择,又考虑了与现行计价定额的衔接
保持了规范的先进性	此次修订增补了建筑市场新技术、新工艺、新材料的项目,删去了淘汰的项目。对土石分类重新进行了定义,实现了与现行国家标准的衔接

3.1.2　规范的主要内容

《建筑工程工程量清单计价规范》(GB 50500—2013)的主要内容,见表3-4。

表3-4　《建筑工程工程量清单计价规范》(GB 50500—2013)的主要内容

项　　目	内　　　容
一般概念	工程量清单计价方法,是建设工程在招标投标中,招标人委托具有资质的中介机构编制反映工程实体和措施消耗的工程量清单,并作为招标文件的一部分提供给投标人,由投标人依据工程量清单自主报价的计价方式。 　　工程量清单是表现拟建工程的分部分项工程项目、措施项目、项目名称和相应数量的明细清单。是由招标人按照"计量规范"统一的项目编码、项目名称、计量单位和工程量计算规则进行编制。包括分部分项工程量清单、措施项目清单、其他项目清单。 　　工程量清单计价是指投标人完成由招标人提供的工程量清单所需的全部费用,包括分部分项工程费、措施项目费、其他项目费和规费、税金。 　　工程量清单计价采用综合单价计价。综合单价是指完成规定计量项目所需的人工费、材料费、设备费、机械使用费、管理费、利润,并考虑风险因素

续表

项　目	内　容
各章内容	《建设工程工程量清单计价规范》(GB 50500—2013)共十五章,包括总则、术语、一般规定、招标工程量清单、招标控制价、投标报价、合同价款约定、工程计量、合同价款调整、合同价款中期支付、竣工结算与支付、合同解除的价款结算与支付、合同价款争议的解决、工程计价资料与档案、计价表格。分别就计价规范适应范围、遵循的原则、编制工程量清单应遵循原则、工程量清单计价活动的规则、工程清单及其计价格式作了明确规定

3.1.3　规范内容增减比较

"13 规范"内容(条文)增减一览表,见表3-5 ~ 表3-7。

表3-5　"13 规范"内容(条文)增减一览表

"13 规范"			"08 规范"			条文增(＋)减(－)
章	节	条文	章	节	条文	
1. 总则		7	1　总则		8	−1
2. 术语		52	2　术语		23	＋29
3. 一般规定	4	19	4.1　一般规定	1	9	＋10
4. 工程量清单编制	6	19	3　工程量清单编制	6	21	−2
5. 招标控制价	3	21	4.2　招标控制价	1	9	＋12
6. 投标报价	2	13	4.3　投标价	1	8	＋5
7. 合同价款约定	2	5	4.4　工程合同价款的约定	1	4	＋1
8. 工程计量	3	15	4.5　工程计量与价款支付中 4.5.3、4.5.4		2	＋13
9. 合同价款调整	3	15	4.6　索赔与现场签证 4.7　工程价款调整	2	16	＋42
10. 合同价款中期支付	3	24	4.5　工程计量与价款支付	1	6	＋18
11. 竣工结算与支付	6	35	4.8　竣工结算	1	14	＋21
12. 合同解除的价款结算与支付		4				＋4
13. 合同价款争议的解决	5	19	4.9　工程计价争议处理	1	3	＋16
14. 工程造价鉴定	3	19	4.9.2		1	＋18
15. 工程计价资料与档案	2	13				＋13
16. 工程计价表格		6	5.2　计价表格使用规定	1	5	＋1
合计	54	329		17	137	＋192
附录A	物价变化合同价款调整方法					
附录B ~ 附录I	计价表格22		5.1　计价表格组成		计价表格14 节1、条文8	＋8 −8

表3-6　"13 规范"新增内容(条文)一览表

序号	"13 规范"条文	"13 规范"内容
1	第1.0.5 条	承担工程造价文件的编制与核对的工程造价人员及其所在单位,应对工程造价文件的质量负责

序号	"13规范"条文	"13规范"内容
2	第2.0.2条	术语,招标工程量清单
3	第2.0.3条	术语,已标价工程量清单
4	第2.0.4条	术语,分部分项工程
5	第2.0.9条	术语,风险费用
6	第2.0.10条	术语,工程成本
7	第2.0.11条	术语,单价合同
8	第2.0.12条	术语,总价合同
9	第2.0.13条	术语,成本加酬金合同
10	第2.0.14条	术语,工程造价信息
11	第2.0.15条	术语,工程造价指数
12	第2.0.16条	术语,工程变更
13	第2.0.17条	术语,工程量偏差
14	第2.0.22条	术语,安全文明施工费
15	第2.0.25条	术语,提前竣工(赶工)费
16	第2.0.26条	术语,误期赔偿费
17	第2.0.27条	术语,不可抗力
18	第2.0.28条	术语,工程设备
19	第2.0.29条	术语,缺陷责任期
20	第2.0.30条	术语,质量保证金
21	第2.0.31条	术语,费用
22	第2.0.32条	术语,利润
23	第2.0.41条	术语,单价项目
24	第2.0.42条	术语,总价项目
25	第2.0.43条	术语,工程计量
26	第2.0.44条	术语,工程结算
27	第2.0.48条	术语,预付款
28	第2.0.49条	术语,进度款
29	第2.0.50条	术语,合同价款调整
30	第2.0.52条	术语,工程造价鉴定
31	第3.1.3条	不采用工程量清单计价的建设工程,应执行本规范除工程量清单等专门性规定外的其他规定
32	第3.2.1条	发包人提供的材料和工程设备(以下简称甲供材料)应在招标文件中按照本规范附录L.1的规定填写《发包人提供材料和工程设备一览表》,写明甲供材料的名称、规格、数量、单价、交货方式、交货地点等。 承包人投标时,甲供材料单价应计入相应项目的综合单价中,签约后,发包人应按合同约定扣除甲供材料款,不予支付
33	第3.2.2条	承包人应根据合同工程进度计划的安排,向发包人提交甲供材料交货的日期计划。发包人应按计划提供

序号	"13 规范"条文	"13 规范"内容
34	第 3.2.3 条	发包人提供的甲供材料如规格、数量或质量不符合合同要求,或由于发包人原因发生交货期延误、交货地点及交货方式变更等情况的,发包人应承担由此增加的费用和(或)工期延误,并应向承包人支付合理利润
35	第 3.2.4 条	发承包双方对甲供材料的数量发生争议不能达成一致的,应按照相关工程的计价定额同类项目规定的材料消耗量计算
36	第 3.2.5 条	若发包人要求承包人采购已在招标文件中确定为甲供材料的,材料价格应由发承包双方根据市场调查确定,并应另行签订补充协议
37	第 3.3.1 条	除合同约定的发包人提供的甲供材料外,合同工程所需的材料和工程设备应由承包人提供,承包人提供的材料和工程设备均应由承包人负责采购、运输和保管
38	第 3.3.2 条	承包人应按合同约定将采购材料和工程设备的供货人及品种、规格、数量和供货时间等提交发包人确认,并负责提供材料和工程设备的质量证明文件,满足合同约定的质量标准
39	第 3.3.3 条	对承包人提供的材料和工程设备经检测不符合合同约定的质量标准,发包人应立即要求承包人更换,由此增加的费用和(或)工期延误应由承包人承担。对发包人要求检测承包人已具有合格证明的材料、工程设备,但经检测证明该项材料、工程设备符合合同约定的质量标准,发包人应承担此增加的费用和(或)工期延误,并向承包人支付合理利润
40	第 3.4.2 条	由于下列因素出现,影响合同价款调整的,应由发包人承担: 1. 国家法律、法规、规章和政策发生变化; 2. 省级或行业建设主管部门发布的人工费调整,但承包人对人工费或人工单价的报价高于发布的除外; 3. 由政府定价或政府指导价管理的原材料等价格进行了调整。 因承包人原因导致工期延误的,应按本规范第 9.2.2 条、第 9.8.3 条的规定执行
41	第 3.4.3 条	由于市场物价波动影响合同价款的,应由发承包双方合理分摊,按本规范附录 L.2 或 L.3 填写《承包人提供主要材料和工程设备一览表》作为合同附件;当合同中没有约定,发承包双方发生争议时,应按本规范第 9.8.1～9.8.3 条的规定调整合同价款
42	第 3.4.4 条	由于承包人使用机械设备、施工技术以及组织管理水平等自身原因造成施工费用增加的,应由承包人全部承担
43	第 3.4.5 条	当不可抗力发生,影响合同价款时,应按本规范第 9.10 节的规定执行
44	第 4.4.2 条	暂列金额应根据工程特点按有关计价规定估算
45	第 4.4.3 条	暂估价中的材料、工程设备暂估单价应根据工程造价信息或参照市场价格估算,列出明细表;专业工程暂估价应分不同专业,按有关计价规定估算,列出明细表
46	第 4.4.4 条	计日工应列出项目名称、计量单位和暂估数量
	第 4.4.5 条	总承包服务费应列出服务项目及其内容等
47	第 5.1.3 条	工程造价咨询人接受招标人委托编制招标控制价,不得再就同一工程接受投标人委托编制投标报价
48	第 5.3.2 条	投诉人投诉时,应当提交由单位盖章和法定代表人或其委托人签名或盖章的书面投诉书。投诉书应包括下列内容: 1. 投诉人与被投诉人的名称、地址及有效联系方式; 2. 投诉的招标工程名称、具体事项及理由; 3. 投诉依据及有关证明材料; 4. 相关的请求及主张
49	第 5.3.3 条	投诉人不得进行虚假、恶意投诉,阻碍招投标活动的正常进行

序号	"13规范"条文	"13规范"内容
50	第5.3.4条	工程造价管理机构在接到投诉书后应在2个工作日内进行审查,对有下列情况之一的,不予受理: 1. 投诉人不是所投诉招标工程招标文件的收受人; 2. 投诉书提交的时间不符合本规范第5.3.1条规定的; 3. 投诉书不符合本规范第5.3.2条规定的; 4. 投诉事项已进入行政复议或行政诉讼程序的
51	第5.3.5条	工程造价管理机构应在不迟于结束审查的次日将是否受理投诉的决定书面通知投诉人、被投诉人以及负责该工程招投标监督的招投标管理机构
52	第5.3.6条	工程造价管理机构受理投诉后,应立即对招标控制价进行复查,组织投诉人、被投诉人或其委托的招标控制价编制人等单位人员对投诉问题逐一核对。有关当事人应当予以配合,并应保证所提供资料的真实性
53	第5.3.7条	工程造价管理机构应当在受理投诉的10天内完成复查,特殊情况下可适当延长,并作出书面结论通知投诉人、被投诉人及负责该工程招投标监督的招投标管理机构
54	第5.3.8条	当招标控制价复查结论与原公布的招标控制价误差大于±3%时,应当责成招标人改正
55	第5.3.9条	招标人根据招标控制价复查结论需要重新公布招标控制价的,其最终公布的时间至招标文件要求提交投标文件截止时间不足15天的,应相应延长投标文件的截止时间
56	第6.2.2条	综合单价中应包括招标文件中划分的应由投标人承担的风险范围及其费用,招标文件中没有明确的,应提请招标人明确
57	第7.2.2条	合同中没有按照本规范第7.2.1条的要求约定或约定不明的,若发承包双方在合同履行中发生争议由双方协商确定;当协商不能达成一致时,应按本规范的规定执行
58	第8.1.1条	工程量必须按照相关工程现行国家计量规范规定的工程量计算规则计算
59	第8.1.2条	工程计量可选择按月或按工程形象进度分段计量,具体计量周期应在合同中约定
60	第8.1.3条	因承包人原因造成的超出合同工程范围施工或返工的工程量,发包人不予计量
61	第8.1.4条	成本加酬金合同应按本规范第8.2节的规定计量
62	第8.2.4条	发包人认为需要进行现场计量核实时,应在计量前24小时通知承包人,承包人应为计量提供便利条件并派人参加。当双方均同意核实结果时,双方应在上述记录上签字确认。承包人收到通知后不派人参加计量,视为认可发包人的计量核实结果。发包人不按照约定时间通知承包人,致使承包人未能派人参加计量,计量核实结果无效
63	第8.2.5条	当承包人认为发包人核实后的计量结果有误时,应在收到计量结果通知后的7天内向发包人提出书面意见,并应附上其认为正确的计量结果和详细的计算资料。发包人收到书面意见后,应在7天内对承包人的计量结果进行复核后通知承包人。承包人对复核计量结果仍有异议的,按照合同约定的争议解决办法处理
64	第8.2.6条	承包人完成已标价工程量清单中每个项目的工程量并经发包人核实无误后,发承包双方应对每个项目的历次计量报表进行汇总,以核实最终结算工程量,并应在汇总表上签字确认
65	第8.3.1条	采用工程量清单方式招标形成的总价合同,其工程量应按照本规范第8.2节的规定计算
66	第8.3.2条	采用经审定批准的施工图纸及其预算方式发包形成的总价合同,除按照工程变更规定的工程量增减外,总价合同各项目的工程量应为承包人用于结算的最终工程量

序号	"13 规范"条文	"13 规范"内容
67	第 8.3.3 条	总价合同约定的项目计量应以合同工程经审定批准的施工图纸为依据,发承包双方应在合同中约定工程计量的形象目标或时间节点进行计量
68	第 8.3.4 条	承包人应在合同约定的每个计量周期内对已完成的工程进行计量,并向发包人提交达到工程形象目标完成的工程量和有关计量资料的报告
69	第 8.3.5 条	发包人应在收到报告后 7 天内对承包人提交的上述资料进行复核,以确定实际完成的工程量和工程形象目标。对其有异议的,应通知承包人进行共同复核
70	第 9.1.1 条	下列事项(但不限于)发生,发承包双方应当按照合同约定调整合同价款: 　1. 法律法规变化; 　2. 工程变更; 　3. 项目特征不符; 　4. 工程量清单缺项; 　5. 工程量偏差; 　6. 计日工; 　7. 物价变化; 　8. 暂估价; 　9. 不可抗力; 　10. 提前竣工(赶工补偿); 　11. 误期赔偿; 　12. 索赔; 　13. 现场签证; 　14. 暂列金额; 　15. 发承包双方约定的其他调整事项
71	第 9.1.2 条	出现合同价款调增事项(不含工程量偏差、计日工、现场签证、索赔)后的 14 天内,承包人应向发包人提交合同价款调增报告并附上相关资料;承包人在 14 天内未提交合同价款调增报告的,应视为承包人对该事项不存在调整价款请求
72	第 9.1.3 条	出现合同价款调减事项(不含工程量偏差、索赔)后的 14 天内,发包人应向承包人提交合同价款调减报告并附相关资料;发包人在 14 天内未提交合同价款调减报告的,应视为发包人对该事项不存在调整价款请求
73	第 9.1.5 条	发包人与承包人对合同价款调整的不同意见不能达成一致的,只要对发承包双方履约不产生实质影响,双方应继续履行合同义务,直到其按照合同约定的争议解决方式得到处理
74	第 9.2.2 条	因承包人原因导致工期延误的,按本规范第 9.2.1 条规定的调整时间,在合同工程原定竣工时间之后,合同价款调增的不予调整,合同价款调减的予以调整
75	第 9.3.3 条	当发包人提出的工程变更因非承包人原因删减了合同中的某项原定工作或工程,致使承包人发生的费用或(和)得到的收益不能被包括在其他已支付或应支付的项目中,也未被包含在任何替代的工作或工程时,承包人有权提出并应得到合理的费用及利润补偿
76	第 9.4.1 条	发包人在招标工程量清单中对项目特征的描述,应被认为是准确的和全面的,并且与实际施工要求相符合。承包人应按照发包人提供的招标工程量清单,根据项目特征描述的内容及有关要求实施合同工程,直到项目被改变为止
77	第 9.5.1 条	合同履行期间,由于招标工程量清单中缺项,新增分部分项工程清单项目的,应按照本规范第 9.3.1 条的规定确定单价,并调整合同价款
78	第 9.5.2 条	新增分部分项工程清单项目后,引起措施项目发生变化的,应按照本规范第 9.3.2 条的规定,在承包人提交的实施方案被发包人批准后调整合同价款
79	第 9.5.3 条	由于招标工程量清单中措施项目缺项,承包人应将新增措施项目实施方案提交发包人批准后,按照本规范第 9.3.1 条、第 9.3.2 条的规定调整合同价款

序号	"13 规范"条文	"13 规范"内容
80	第9.7.1条	发包人通知承包人以计日工方式实施的零星工作,承包人应予执行
81	第9.7.2条	采用计日工计价的任何一项变更工作,在该项变更的实施过程中,承包人应按合同约定提交下列报表和有关凭证送发包人复核: 1. 工作名称、内容和数量; 2. 投入该工作所有人员的姓名、工种、级别和耗用工时; 3. 投入该工作的材料名称、类别和数量; 4. 投入该工作的施工设备型号、台数和耗用台时; 5. 发包人要求提交的其他资料和凭证
82	第9.7.3条	任一计日工项目持续进行时,承包人应在该项工作实施结束后的24小时内向发包人提交有计日工记录汇总的现场签证报告一式三份。发包人在收到承包人提交现场签证报告后的2天内予以确认并将其中一份返还给承包人,作为计日工计价和支付的依据。发包人逾期未确认也未提出修改意见的,应视为承包人提交的现场签证报告已被发包人认可
83	第9.7.4条	任一计日工项目实施结束后,承包人应按照确认的计日工现场签证报告核实该类项目的工程数量,并应根据核实的工程数量和承包人已标价工程量清单中的计日工单价计算,提出应付价款;已标价工程量清单中没有该类计日工单价的,由发承包双方按本规范第9.3节的规定商定计日工单价计算
84	第9.7.5条	每个支付期末,承包人应按照本规范第10.3节的规定向发包人提交本期间所有计日工记录的签证汇总表,并应说明本期间自己认为有权得到的计日工金额,调整合同价款,列入进度款支付
85	第9.8.4条	发包人供应材料和工程设备的,不适用本规范第9.8.1条、第9.8.2条规定,应由发包人按照实际变化调整,列入合同工程的工程造价内
86	第9.9.4条	发包人在招标工程量清单中给定暂估价的专业工程,依法必须招标的,应当由发承包双方依法组织招标选择专业分包人,并接受有管辖权的建设工程招标投标管理机构的监督,还应符合下列要求: 1. 除合同另有约定外,承包人不参加投标的专业工程发包招标,应由承包人作为招标人,但拟定的招标文件、评标工作、评标结果应报送发包人批准。与组织招标工作有关的费用应当被认为已经包括在承包人的签约合同价(投标总报价)中。 2. 承包人参加投标的专业工程发包招标,应由发包人作为招标人,与组织招标工作有关的费用由发包人承担。同等条件下,应优先选择承包人中标。 3. 应以专业工程发包中标价为依据取代专业工程暂估价,调整合同价款
87	第9.10.2条	不可抗力解除后复工的,若不能按期竣工,应合理延长工期。发包人要求赶工的,赶工费用应由发包人承担
88	第9.10.3条	因不可抗力解除合同的,应按本规范第12.0.2条的规定办理
89	第9.11.1条	招标人应依据相关工程的工期定额合理计算工期,压缩的工期天数不得超过定额工期的20%,超过者,应在招标文件中明示增加赶工费用
90	第9.11.2条	发包人要求合同工程提前竣工的,应征得承包人同意后与承包人商定采取加快工程进度的措施,并应修订合同工程进度计划。发包人应承担承包人由此增加的提前竣工(赶工补偿)费用
91	第9.11.3条	发承包双方应在合同中约定提前竣工每日历天应补偿额度,此项费用应作为增加合同价款列入竣工结算文件中,并应与结算款一并支付
92	第9.12.1条	承包人未按照合同约定施工,导致实际进度迟于计划进度的,承包人应加快进度,实现合同工期。 合同工程发生误期,承包人应赔偿发包人由此造成的损失,并应按照合同约定向发包人支付误期赔偿费。即使承包人支付误期赔偿费,也不能免除承包人按照合同约定应承担的任何责任和应履行的任何义务

序号	"13规范"条文	"13规范"内容
93	第9.12.2条	发承包双方应在合同中约定误期赔偿费,并应明确每日历天应赔额度。误期赔偿费应列入竣工结算文件中,并应在结算款中扣除
94	第9.12.3条	在工程竣工之前,合同工程内的某单项(位)工程已通过了竣工验收,且该单项(位)工程接收证书中表明的竣工日期并未延误,而是合同工程的其他部分产生了工期延误时,误期赔偿费应按照已颁发工程接收证书的单项(位)工程造价占合同价款的比例幅度予以扣减
95	第9.13.4条	承包人要求赔偿时,可以选择下列一项或几项方式获得赔偿: 1. 延长工期; 2. 要求发包人支付实际发生的额外费用; 3. 要求发包人支付合理的预期利润; 4. 要求发包人按合同的约定支付违约金
96	第9.13.6条	发承包双方在按合同约定办理了竣工结算后,应被认为承包人已无权再提出竣工结算前所发生的任何索赔。承包人在提交的最终结清申请中,只限于提出竣工结算后的索赔,提出索赔的期限应自发承包双方最终结清时终止
97	第9.13.8条	发包人要求赔偿时,可以选择下列一项或几项方式获得赔偿: 1. 延长质量缺陷修复期限; 2. 要求承包人支付实际发生的额外费用; 3. 要求承包人按合同的约定支付违约金
98	第9.13.9条	承包人应付给发包人的索赔金额可从拟支付给承包人的合同价款中扣除,或由承包人以其他方式支付给发包人
99	第9.14.2条	承包人应在收到发包人指令后的7天内向发包人提交现场签证报告,发包人应在收到现场签证报告后的48小时内对报告内容进行核实,予以确认或提出修改意见。发包人在收到承包人现场签证报告后的48小时内未确认也未提出修改意见的,应视为承包人提交的现场签证报告已被发包人认可
100	第9.14.3条	现场签证的工作如已有相应的计日工单价,现场签证中应列明完成该类项目所需的人工、材料、工程设备和施工机械台班的数量。 如现场签证的工作没有相应的计日工单价,应在现场签证报告中列明完成该签证工作所需的人工、材料设备和施工机械台班的数量及单价
101	第9.14.4条	合同工程发生现场签证事项,未经发包人签证确认,承包人便擅自施工的,除非征得发包人书面同意,否则发生的费用应由承包人承担
102	第9.14.6条	在施工过程中,当发现合同工程内容因场地条件、地质水文、发包人要求等不一致时,承包人应提供所需的相关资料,并提交发包人签证认可,作为合同价款调整的依据
103	第9.15.1条	已签约合同价中的暂列金额应由发包人掌握使用
104	第9.15.2条	发包人按照本规范第9.1节至第9.14节的规定支付后,暂列金额余额应归发包人所有
105	第10.2.1条	安全文明施工费包括的内容和使用范围,应符合国家有关文件和计量规范的规定
106	第10.2.2条	发包人应在工程开工后的28天内预付不低于当年施工进度计划的安全文明施工费总额的60%,其余部分应按照提前安排的原则进行分解,并应与进度款同期支付
107	第10.2.3条	发包人没有按时支付安全文明施工费的,承包人可催告发包人支付;发包人在付款期满后的7天内仍未支付的,若发生安全事故,发包人应承担相应责任
108	第10.2.4条	承包人对安全文明施工费应专款专用,在财务账目中应单独列项备查,不得挪作他用,否则发包人有权要求其限期改正;逾期未改正的,造成的损失和延误的工期应由承包人承担

序号	"13 规范"条文	"13 规范"内容
109	第 10.3.1 条	发承包双方应按照合同约定的时间、程序和方法,根据工程计量结果,办理期中价款结算,支付进度款
110	第 10.3.3 条	已标价工程量清单中的单价项目,承包人应按工程计量确认的工程量与综合单价计算;综合单价发生调整的,以发承包双方确认调整的综合单价计算进度款
111	第 10.3.4 条	已标价工程量清单中的总价项目和按照本规范第 8.3.2 条规定形成的总价合同,承包人应按合同中约定的进度款支付分解,分别列入进度款支付申请中的安全文明施工费和本周期应支付的总价项目的金额中
112	第 10.3.5 条	发包人提供的甲供材料金额,应按照发包人签约提供的单价和数量从进度款支付中扣除,列入本周期应扣减的金额中
113	第 10.3.6 条	承包人现场签证和得到发包人确认的索赔金额应列入本周期应增加的金额中
114	第 10.3.7 条	进度款的支付比例按照合同约定,按期中结算价款总额计,不低于 60%,不高于 90%
115	第 10.3.11 条	若发包人逾期未签发进度款支付证书,则视为承包人提交的进度款支付申请已被发包人认可,承包人可向发包人发出催告付款的通知。发包人应在收到通知后的 14 天内,按照承包人支付申请的金额向承包人支付进度款
116	第 10.3.13 条	发现已签发的任何支付证书有错、漏或重复的数额,发包人有权予以修正,承包人也有权提出修正申请。经发承包双方复核同意修正的,应在本次到期的进度款中支付或扣除
117	第 11.1.3 条	当发承包双方或一方对工程造价咨询人出具的竣工结算文件有异议时,可向工程造价管理机构投诉,申请对其进行执业质量鉴定
118	第 11.1.4 条	工程造价管理机构对投诉的竣工结算文件进行质量鉴定,宜按本规范第 14 章的相关规定进行
119	第 11.2.6 条	发承包双方在合同工程实施过程中已经确认的工程计量结果和合同价款,在竣工结算办理中应直接进入结算
120	第 11.3.3 条	发包人应在收到承包人再次提交的竣工结算文件后的 28 天内予以复核,将复核结果通知承包人,并应遵守下列规定: 1. 发包人、承包人对复核结果无异议的,应在 7 天内在竣工结算文件上签字确认,竣工结算办理完毕; 2. 发包人或承包人对复核结果认为有误的,无异议部分按照本条第 1 款规定办理不完全竣工结算;有异议部分由发承包双方协商解决;协商不成的,应按照合同约定的争议解决方式处理
121	第 11.3.6 条	发包人委托工程造价咨询人核对竣工结算的,工程造价咨询人应在 28 天内核对完毕,核对结论与承包人竣工结算文件不一致的,应提交给承包人复核;承包人应在 14 天内将同意核对结论或不同意见的说明提交工程造价咨询人。工程造价咨询人收到承包人提出的异议后,应再次复核,复核无异议的,应按本规范第 11.3.3 条第 1 款的规定办理,复核后仍有异议的,按本规范第 11.3.3 条第 2 款的规定办理。 承包人逾期未提出书面异议的,应视为工程造价咨询人核对的竣工结算文件已经承包人认可
122	第 11.3.7 条	对发包人或发包人委托的工程造价咨询人指派的专业人员与承包人指派的专业人员经核对后无异议并签名确认的竣工结算文件,除非发承包人能提出具体、详细的不同意见,发承包人都应在竣工结算文件上签名确认,如其中一方拒不签认的,按下列规定办理: 1. 若发包人拒不签认的,承包人可不提供竣工验收备案资料,并有权拒绝与发包人或其上级部门委托的工程造价咨询人重新核对竣工结算文件。 2. 若承包人拒不签认的,发包人要求办理竣工验收备案的,承包人不得拒绝提供竣工验收资料,否则,由此造成的损失,承包人承担相应责任

序号	"13 规范"条文	"13 规范"内容
123	第 11.4.2 条	发包人应在收到承包人提交竣工结算款支付申请后 7 天内予以核实,向承包人签发竣工结算支付证书
124	第 11.4.3 条	发包人签发竣工结算支付证书后的 14 天内,应按照竣工结算支付证书列明的金额向承包人支付结算款
125	第 11.4.4 条	发包人在收到承包人提交的竣工结算款支付申请后 7 天内不予核实,不向承包人签发竣工结算支付证书的,视为承包人的竣工结算款支付申请已被发包人认可;发包人应在收到承包人提交的竣工结算款支付申请 7 天后的 14 天内,按照承包人提交的竣工结算款支付申请列明的金额向承包人支付结算款
126	第 11.5.1 条	发包人应按照合同约定的质量保证金比例从结算款中预留质量保证金
127	第 11.5.2 条	承包人未按照合同约定履行属于自身责任的工程缺陷修复义务的,发包人有权从质量保证金中扣除用于缺陷修复的各项支出。经查验,工程缺陷属于发包人原因造成的,应由发包人承担查验和缺陷修复的费用
128	第 11.5.3 条	在合同约定的缺陷责任期终止后,发包人应按照本规范第 11.6 节的规定,将剩余的质量保证金返还给承包人
129	第 11.6.1 条	缺陷责任期终止后,承包人应按照合同约定向发包人提交最终结清支付申请。发包人对最终结清支付申请有异议的,有权要求承包人进行修正和提供补充资料。承包人修正后,应再次向发包人提交修正后的最终结清支付申请
130	第 11.6.2 条	发包人应在收到最终结清支付申请后的 14 天内予以核实,并应向承包人签发最终结清支付证书
131	第 11.6.3 条	发包人应在签发最终结清支付证书后的 14 天内,按照最终结清支付证书列明的金额向承包人支付最终结清款
132	第 11.6.4 条	发包人未在约定的时间内核实,亦未提出具体意见的,应视为承包人提交的最终结清支付申请已被发包人认可
133	第 11.6.5 条	发包人未按期最终结清支付的,承包人可催告发包人支付,并有权获得延迟支付的利息
134	第 11.6.6 条	最终结清时,承包人被预留的质量保证金不足以抵减发包人工程缺陷修复费用的,承包人应承担不足部分的补偿责任
135	第 11.6.7 条	承包人对发包人支付的最终结清款有异议的,应按照合同约定的争议解决方式处理
136	第 12.0.1 条	发承包双方协商一致解除合同的,应按照达成的协议办理结算和支付合同价款
137	第 12.0.2 条	由于不可抗力致使合同无法履行解除合同的,发包人应向承包人支付合同解除之日前已完成工程但尚未支付的合同价款,此外,还应支付下列金额: 1. 本规范第 9.11.1 条规定的由发包人承担的费用; 2. 已实施或部分实施的措施项目应付价款; 3. 承包人为合同工程合理订购且已交付的材料和工程设备货款; 4. 承包人撤离现场所需的合理费用,包括员工遣送费和临时工程拆除、施工设备运离现场的费用; 5. 承包人为完成合同工程而预期开支的任何合理费用,且该项费用未包括在本款其他各项支付之内。 发承包双方办理结算合同价款时,应扣除合同解除之日前发包人应向承包人收回的价款。当发包人应扣除的金额超过了应支付的金额,承包人应在合同解除后的 56 天内将其差额退还给发包人

序号	"13 规范"条文	"13 规范"内容
138	第 12.0.3 条	因承包人违约解除合同的,发包人应暂停向承包人支付任何价款。发包人应在合同解除后 28 天内核实合同解除时承包人已完成的全部合同价款以及按施工进度计划已运至现场的材料和工程设备货款,按合同约定核算承包人应支付的违约金以及造成损失的索赔金额,并将结果通知承包人。发承包双方应在 28 天内予以确认或提出意见,并应办理结算合同价款。如果发包人应扣除的金额超过了应支付的金额,承包人应在合同解除后的 56 天内将其差额退还给发包人。发承包双方不能就解除合同后的结算达成一致的,按照合同约定的争议解决方式处理
139	第 12.0.4 条	因发包人违约解除合同的,发包人除应按照本规范第 12.0.2 条的规定向承包人支付各项价款外,应按合同约定核算发包人应支付的违约金以及给承包人造成损失或损害的索赔金额费用。该笔费用应由承包人提出,发包人核实后应与承包人协商确定后的 7 天内向承包人签发支付证书。协商不能达成一致的,应按照合同约定的争议解决方式处理
140	第 13.1.1 条	若发包人和承包人之间就工程质量、进度、价款支付与扣除、工期延期、索赔、价款调整等发生任何法律上、经济上或技术上的争议,首先应根据已签约合同的规定,提交合同约定职责范围内的总监理工程师或造价工程师解决,并应抄送另一方。总监理工程师或造价工程师在收到此提交后 14 天内应将暂定结果通知发包人和承包人。发承包双方对暂定结果认可的,应以书面形式予以确认,暂定结果成为最终决定
141	第 13.1.2 条	发承包双方在收到总监理工程师或造价工程师的暂定结果通知之后的 14 天内未对暂定结果予以确认也未提出不同意见的,应视为发承包双方已认可该暂定结果
142	第 13.1.3 条	发承包双方或一方不同意暂定结果的,应以书面形式向总监理工程师或造价工程师提出,说明自己认为正确的结果,同时抄送另一方,此时该暂定结果成为争议。在暂定结果对发承包双方当事人履约不产生实质影响的前提下,发承包双方应实施该结果,直到按照发承包双方认可的争议解决办法被改变为止
143	第 14.1.2 条	工程造价咨询人接受委托时提供工程造价司法鉴定服务,应按仲裁、诉讼程序和要求进行,并应符合国家关于司法鉴定的规定
144	第 14.1.3 条	工程造价咨询人进行工程造价司法鉴定时,应指派专业对口、经验丰富的注册造价工程师承担鉴定工作
145	第 14.1.4 条	工程造价咨询人应在收到工程造价司法鉴定资料后 10 天内,根据自身专业能力和证据资料判断能否胜任该项委托,如不能,应辞去该项委托。工程造价咨询人不得在鉴定期满后以上述理由不作出鉴定结论,影响案件处理
146	第 14.1.5 条	接受工程造价司法鉴定委托的工程造价咨询人或造价工程师如是鉴定项目一方当事人的近亲属或代理人、咨询人以及其他关系可能影响鉴定公正的,应当自行回避;未自行回避,鉴定项目委托人以该理由要求其回避的,必须回避
147	第 14.1.6 条	工程造价咨询人应当依法出庭接受鉴定项目当事人对工程造价司法鉴定意见书的质询。如确因特殊原因无法出庭的,经审理该鉴定项目的仲裁机关或人民法院准许,可以书面形式答复当事人的质询
148	第 14.2.1 条	工程造价咨询人进行工程造价鉴定工作时,应自行收集以下(但不限于)鉴定资料: 1. 适用于鉴定项目的法律、法规、规章、规范性文件以及规范、标准、定额; 2. 鉴定项目同时期同类型工程的技术经济指标及其各类要素价格等
149	第 14.2.2 条	工程造价咨询人收集鉴定项目的鉴定依据时,应向鉴定项目委托人提出具体书面要求,其内容包括: 1. 与鉴定项目相关的合同、协议及其附件; 2. 相应的施工图纸等技术经济文件; 3. 施工过程中的施工组织、质量、工期和造价等工程资料; 4. 存在争议的事实及各方当事人的理由; 5. 其他有关资料

序号	"13 规范"条文	"13 规范"内容
150	第 14.2.3 条	工程造价咨询人在鉴定过程中要求鉴定项目当事人对缺陷资料进行补充的,应征得鉴定项目委托人同意,或者协调鉴定项目各方当事人共同签认
151	第 14.2.4 条	根据鉴定工作需要现场勘验的,工程造价咨询人应提请鉴定项目委托人组织各方当事人对被鉴定项目所涉及的实物标底进行现场勘验
152	第 14.2.5 条	勘验现场应制作勘验记录、笔录或勘验图表,记录勘验的时间、地点、勘验人、在场人、勘验经过、结果,由勘验人、在场人签名或者盖章确认。绘制的现场图应注明绘制的时间、测绘人姓名、身份等内容。必要时应采取拍照或摄像取证.留下影像资料
153	第 14.2.6 条	鉴定项目当事人未对现场勘验图表或勘验笔录等签字确认的,工程造价咨询人应提请鉴定项目委托人决定处理意见,并在鉴定意见书中作出表述
154	第 14.3.1 条	工程造价咨询人在鉴定项目合同有效的情况下应根据合同约定进行鉴定,不得任意改变双方合法的合意
155	第 14.3.2 条	工程造价咨询人在鉴定项目合同无效或合同条款约定不明确的情况下应根据法律法规、相关国家标准和本规范的规定,选择相应专业工程的计价依据和方法进行鉴定
156	第 14.3.3 条	工程造价咨询人出具正式鉴定意见书之前,可报请鉴定项目委托人向鉴定项目各方当事人发出鉴定意见书征求意见稿,并指明应书面答复的期限及其不答复的相应法律责任
157	第 14.3.4 条	工程造价咨询人收到鉴定项目各方当事人对鉴定意见书征求意见稿的书面复函后,应对不同意见认真复核,修改完善后再出具正式鉴定意见书
158	第 14.3.5 条	工程造价咨询人出具的工程造价鉴定书应包括下列内容: 1. 鉴定项目委托人名称、委托鉴定的内容; 2. 委托鉴定的证据材料; 3. 鉴定的依据及使用的专业技术手段; 4. 对鉴定过程的说明; 5. 明确的鉴定结论; 6. 其他需说明的事宜; 7. 工程造价咨询人盖章及注册造价工程师签名盖执业专用章
159	第 14.3.6 条	工程造价咨询人应在委托鉴定项目的鉴定期限内完成鉴定工作,如确因特殊原因不能在原定期限内完成鉴定工作时,应按照相应法规提前向鉴定项目委托人申请延长鉴定期限,并应在此期限内完成鉴定工作。 经鉴定项目委托人同意等待鉴定项目当事人提交、补充证据的,质证所用的时间不应计入鉴定期限
160	第 14.3.7 条	对于已经出具的正式鉴定意见书中有部分缺陷的鉴定结论,工程造价咨询人应通过补充鉴定作出补充结论
161	第 15.1.1 条	发承包双方应当在合同中约定各自在合同工程中现场管理人员的职责范围,双方现场管理人员在职责范围内签字确认的书面文件是工程计价的有效凭证,但如有其他有效证据或经实证证明其是虚假的除外
162	第 15.1.2 条	发承包双方不论在何种场合对与工程计价有关的事项所给予的批准、证明、同意、指令、商定、确定、确认、通知和请求,或表示同意、否定、提出要求和意见等,均应采用书面形式,口头指令不得作为计价凭证
163	第 15.1.3 条	任何书面文件送达时,应由对方签收,通过邮寄应采用挂号、特快专递传送,或以发承包双方商定的电子传输方式发送,交付、传送或传输到指定的接收人的地址。如接收人通知了另外地址时,随后通信信息应按新地址发送
164	第 15.1.4 条	发承包双方分别向对方发出的任何书面文件,均应将其抄送现场管理人员,如系复印件应加盖合同工程管理机构印章,证明与原件相同。双方现场管理人员向对方所发任何书面文件,也应将其复印件发送给发承包双方,复印件应加盖合同工程管理机构印章,证明与原件相同

序号	"13规范"条文	"13规范"内容
165	第15.1.5条	发承包双方均应当及时签收另一方送达其指定接收地点的来往信函,拒不签收的.送达信函的一方可以采用特快专递或者公证方式送达,所造成的费用增加(包括被迫采用特殊送达方式所发生的费用)和延误的工期由拒绝签收一方承担
166	第15.1.6条	书面文件和通知不得扣压,一方能够提供证据证明另一方拒绝签收或已送达的,应视为对方已签收并应承担相应责任
167	第15.2.1条	发承包双方以及工程造价咨询人对具有保存价值的各种载体的计价文件,均应收集齐全,整理立卷后归档
168	第15.2.2条	发承包双方和工程造价咨询人应建立完善的工程计价档案管理制度,并应符合国家和有关部门发布的档案管理相关规定
169	第15.2.3条	工程造价咨询人归档的计价文件,保存期不宜少于五年
170	第15.2.4条	归档的工程计价成果文件应包括纸质原件和电子文件,其他归档文件及依据可为纸质原件、复印件或电子文件
171	第15.2.5条	归档文件应经过分类整理,并应组成符合要求的案卷
172	第15.2.6条	归档可以分阶段进行,也可以在项目竣工结算完成后进行
173	第15.2.7条	向接受单位移交档案时,应编制移交清单,双方应签字、盖章后方可交接
174	第16.0.2条	工程计价表格的设置应满足工程计价的需要,方便使用
175	第16.0.3条	工程量清单的编制应符合下列规定: 1. 工程量清单编制使用表格包括:封1、扉-1、表-01、表-08、表-11、表-12(不含表-12-6～表-12-8)、表-13、表-20、表-21或表-22。 2. 扉页应按规定的内容填写、签字、盖章,由造价员编制的工程量清单应有负责审核的造价工程师签字、盖章。受委托编制的工程量清单,应有造价工程师签字、盖章以及工程造价咨询人盖章。 3. 总说明应按下列内容填写: 1)工程概况:建设规模、工程特征、计划工期、施工现场实际情况、自然地理条件、环境保护要求等。 2)工程招标和专业工程发包范围。 3)工程量清单编制依据。 4)工程质量、材料、施工等的特殊要求。 5)其他需要说明的问题
176	第16.0.4条	招标控制价、投标报价、竣工结算的编制应符合下列规定: 1. 使用表格: 1)招标控制价使用表格包括:封-2、扉-2、表-01、表-02、表-03、表-04、表-08、表-09、表-11、表-12(不含表-12-6～表-12-8)、表-13、表-20、表-21或表-22。 2)投标报价使用的表格包括:封-3、扉-3、表-01、表-02、表-03、表-04、表-08、表-09、表-11、表-12(不含表-12-6～表-12-8)、表-13、表-16、招标文件提供的表-20、表-21或表-22。 3)竣工结算使用的表格包括:封-4、扉-4、表-01、表-05、表-06、表-07、表-08、表-09、表-10、表-11、表-12、表-13、表-14、表-15、表-16、表-17、表-18、表-19、表-20、表-21或表-22。 2. 扉页应按规定的内容填写、签字、盖章,除承包人自行编制的投标报价和竣工结算外,受委托编制的招标控制价、投标报价、竣工结算,由造价员编制的应有负责审核的造价工程师签字、盖章以及工程造价咨询人盖章。 3. 总说明应按下列内容填写: 1)工程概况:建设规模、工程特征、计划工期、合同工期、实际工期、施工现场及变化情况、施工组织设计的特点、自然地理条件、环境保护要求等。 2)编制依据等

续表

序号	"13 规范"条文	"13 规范"内容
177	第 16.0.5 条	工程造价鉴定应符合下列规定： 1. 工程造价鉴定使用表格包括：封-5、扉-5、表-01、表-05～表-20、表-21 或表-22。 2. 扉页应按规定内容填写、签字、盖章，应有承担鉴定和负责审核的注册造价工程师签字、盖执业专用章。 3. 说明应按本规范第 14.3.5 条第 1 款至第 6 款的规定填写

表 3-7 "13 规范"修订内容(条文)一览表

序号	"13 规范"	"08 规范"	内容简介
1	第 1.0.1 条	第 1.0.1 条	与"08 规范"相比，将"工程造价计价行为"表述为"建设工程造价计价行为"
2	第 1.0.2 条	第 1.0.2 条	与"08 规范"相比，将"建设工程工程量清单计价活动"表述为"建设工程发承包及实施阶段计价活动"
3	第 1.0.3 条	第 4.1.1 条	与"08 规范"相比，将"采用工程量清单计价，建设工程造价"表述为"建设工程承发包及实施阶段的工程造价"
4	第 1.0.4 条	第 1.0.5 条	与"08 规范"相比，增加了"工程计量、合同价款调整、工程造价鉴定"等
5	第 1.0.6 条	第 1.0.6 条	与"08 规范"相比，将"建设工程工程量清单计价活动"改成了"建设工程承发包及其实施阶段的计价活动"
6	第 1.0.7 条	第 1.0.8 条	与"08 规范"相比，将"建设工程工程量清单计价活动"改成了"建设工程承发包及其实施阶段的计价活动"
7	第 2.0.1 条	第 2.0.1 条	与"08 规范"相比，重新表述为"载明建设工程分部分项工程项目、措施项目、其他项目的名称和相应数量以及规费、税金项目等内容的明细清单"
8	第 2.0.5 条	第 2.0.5 条	不变
9	第 2.0.6 条	第 2.0.2 条	与"08 规范"相比： 重新表述为"分部分项工程和措施项目清单名称的阿拉伯数字标识"
10	第 2.0.7 条	第 2.0.3 条	与"08 规范"相比，将"分部分项工程项目"改成"分部分项工程量清单项目"
11	第 2.0.8 条	第 2.0.4 条	与"08 规范"相比，将"规定计量单位的分部分项工程量清单项目"一句表述为"清单项目"
12	第 2.0.18 条	第 2.0.6 条	与"08 规范"相比，将"施工合同"一句表述为"工程合同"
13	第 2.0.19 条	第 2.0.7 条	与"08 规范"相比，增加"工程设备单价"
14	第 2.0.20 条	第 2.0.8 条	与"08 规范"相比，将"完成发包人"表述为"承包人完成发包人"，将"综合单价"表述为"单价计价"
15	第 2.0.21 条	第 2.0.9 条	与"08 规范"相比，将"工程分包"表述为"专业工程发包"等
16	第 2.0.23 条	第 2.0.10 条	与"08 规范"相比，将"合同"表述为"工程合同"等
17	第 2.0.24 条	第 2.0.11 条	与"08 规范"相比，增加"或其授权的监理人、工程造价咨询人"
18	第 2.0.33 条	第 2.0.12 条	与"08 规范"相比，增加"机械装备"
19	第 2.0.34 条	第 2.0.13 条	与"08 规范"相比，增加"根据国家法律、法规规定"和"施工企业必须缴纳"
20	第 2.0.35 条	第 2.0.14 条	与"08 规范"相比，增加"地方教育费附加"

序号	"13 规范"	"08 规范"	内容简介
21	第 2.0.36 条	第 2.0.15 条	与"08 规范"相比,增加"本规范有时又称招标人"
22	第 2.0.37 条	第 2.0.16 条	与"08 规范"相比,增加"本规范有时又称投标人"
23	第 2.0.38 条	第 2.0.19 条	与"08 规范"相比,增加"的当事人以及取得该当事人资格的合法继承人"
24	第 2.0.39 条	第 2.0.17 条	与"08 规范"相比,删掉"注册"
25	第 2.0.40 条	第 2.0.18 条	与"08 规范"相比,删掉"注册"
26	第 2.0.45 条	第 2.0.20 条	与"08 规范"相比,重新表述为"招标人根据国家或省级、行业建设主管部门颁发的有关计价依据和办法,以及拟定的招标文件和招标工程量清单,结合工程具体情况编制的招标工程的最高投标限价"
27	第 2.0.46 条	第 2.0.21 条	与"08 规范"相比,将"报出的工程造价"表述为"响应招标文件要求所报出的对已标价工程量清单汇总后标明的总价"
28	第 2.0.47 条	第 2.0.22 条	与"08 规范"相比,重新表述为"发承包双方在工程合同中约定的工程造价,即包括了分部分项工程费、措施项目费、其他项目费、规费和税金的合同总金额"
29	第 2.0.51 条	第 2.0.23 条	与"08 规范"相比,将"按照合同约定确定的最终工程造价"表述为"按照合同约定确定的,包括在履行合同过程中按合同约定进行的合同价款调整,是承包人按合同约定完成了全部承包工作后,发包人应付给承包人的合同总金额"
30	第 3.1.1 条	第 1.0.3 条	与"08 规范"相比: (1)将"使用"表述为"全部使用" (2)将"国有投资或国有资金为主"表述为"国有资金投资"
31	第 3.1.2 条	第 1.0.4 条	与"08 规范"相比:增加了"应执行本规范"一项
32	第 3.1.4 条	第 4.1.2 条	与"08 规范"相比:将"分部分项工程量清单"表述为"工程量清单"
33	第 3.1.5 条	第 4.1.5 条	与"08 规范"相比:将"措施项目清单中"表述为"措施项目中"
34	第 3.1.6 条	第 4.1.8 条	与"08 规范"相比:将字眼"应"表述为"必须"
35	第 3.4.1 条	第 4.1.9 条	与"08 规范"相比:重新表述了条文。
36	第 4.1.1 条	第 3.1.1 条	与"08 规范"相比: 将"工程量清单"改成"招标工程量清单"
37	第 4.1.2 条	第 3.1.2 条	与"08 规范"相比: (1)删去了"采用工程量清单方式招标"一句 (2)将"工程量清单"改成"招标工程量清单"
38	第 4.1.3 条	第 3.1.3 条	与"08 规范"相比: (1)将"工程量清单"改成"招标工程量清单" (2)删去了"支付工程款、调整合同价款、办理竣工结算"三项
39	第 4.1.4 条	第 3.1.4 条	与"08 规范"相比:增加了"应以单位(项)工程为单位编制"
40	第 4.1.5 条	第 3.1.5 条	与"08 规范"相比: (1)增加"相关国家计量规范" (2)将"招标文件及其补充通知、答疑纪要"表述为"拟定的招标文件" (3)增加"地勘水文资料"
41	第 4.2.1 条	第 3.2.1 条	升格为强制性条文 将"包括"一词表述为"载明"
42	第 4.2.2 条	第 3.2.2 条	升格为强制性条文 将"附录"改成"相关工程现行国家计量规范"

续表

序号	"13 规范"	"08 规范"	内容简介
43	第 4.3.1 条	第 3.3.1 条	与"08 规范"相比:将"附录"改成"相关工程现行国家计量规范",并将"08"规范中 3.3.1 的表删除
44	第 4.3.2 条	第 3.3.2 条	与"08 规范"相比,重新进行表述
45	第 4.4.1 条	第 3.4.1 条	与"08 规范"相比: 增加"工程设备暂估单价"一项
46	第 4.4.6 条	第 3.4.2 条	与"08 规范"相比: 将"第 3.4.1 条"改为"第 4.4.1 条"
47	第 4.5.1 条	第 3.5.1 条	与"08 规范"相比: (1)将"工程定额测定费"一项删除 (2)将"工伤保险"改为"危险作业意外伤害保险"
48	第 4.5.2 条	第 3.5.2 条	与"08 规范"相比: 将"第 3.5.1 条"改为"第 4.5.1 条"
49	第 4.6.1 条	第 3.6.1 条	与"08 规范"相比,增加"地方教育费附加"
50	第 4.6.2 条	第 3.6.2 条	与"08 规范"相比: 将"第 3.6.1 条"改为"第 4.6.1 条"
51	第 5.1.1 条	第 4.2.1 条	与"08 规范"相比:升格为强制性条文 具体说明是由"招标人"必须编制招标控制价
52	第 5.1.2 条	第 4.2.2 条	与"08 规范"相比:增加"复核"
53	第 5.1.4 条	第 4.2.8 条	与"08 规范"相比:是在"08 规范"第 4.2.8 条第一句的基础上编写
54	第 5.1.5 条	第 4.2.1 条	与"08 规范"相比:是在"08 规范"第 4.2.1 条第二句的基础上编写
55	第 5.1.6 条	第 4.2.8 条	与"08 规范"相比:是在"08 规范"第 4.2.8 条第二句的基础上编写
56	第 5.2.1 条	第 4.2.3 条	与"08 规范"相比: (1)增加"复核"一项 (2)将"招标文件中的工程量清单及有关要求"表述为"拟定的招标文件及招标工程量清单" (3)新增"施工现场情况、工程特点及常规施工方案"一项
57	第 5.2.2 条	第 4.2.4 条	与"08 规范"相比: 是在"08 规范"第 4.2.4 条第二段的基础上编写
58	第 5.2.3 条	第 4.2.4 条	与"08 规范"相比:重新进行表述
59	第 5.2.4 条	第 4.2.5 条	与"08 规范"相比: 将"3.1.4 和 3.1.5 条"变更为"4.1.4 和 4.1.5 条"
60	第 5.2.5 条	第 4.2.6 条	与"08 规范"相比:重新进行表述
61	第 5.2.6 条	第 4.2.7 条	与"08 规范"相比: 将"第 4.1.8 条"改成"第 3.1.6 条"
62	第 5.3.1 条	第 4.2.9 条	与"08 规范"相比: (1)将"前 5 天"改成"后 5 天" (2)将"招投标监督机构应会同工程造价管理机构对投诉进行处理,发现有错误的,应责成招标人修改"一句删除
63	第 6.1.1 条、 第 6.1.2 条、 第 6.1.3 条	第 4.3.1 条	与"08 规范"相比: (1)将"08"版规范条文拆分为两条 (2)"08"版条文中的"投标价由投标人自主确定"表述为"投标人应依据招标文件及其招标工程量清单自主确定报价成本" (3)将"08"版规范中的"但不得低于成本"一项升格为强制性条文

序号	"13 规范"	"08 规范"	内容简介
64	第6.1.4条	第4.3.2条	与"08 规范"相比： (1)升格为强制性条文 (2)将"招标人提供的工程量清单"表述为"招标工程量清单" (3)将"招标人提供的"表述为"招标工程量清单"
65	第6.1.5条	第4.2.1条	与"08 规范"相比： 按照"08 规范"第4.2.1条第3句进行编写
66	第6.2.1条	第4.3.3条	与"08 规范"相比： 增加"复核"一词
67	第6.2.3条	第4.3.4条	与"08 规范"相比： (1)将"应依据本规范第2.0.4条综合单价的组成内容,按招标文件中分部分项工程量清单项目的特征描述确定综合单价计算"表述为"应依据招标文件及其招标工程量清单中分部分项工程量清单项目的特征描述确定综合单价计算" (2)将"招标文件"改为"招标工程量清单" (3)增加"工程设备"一词
68	第6.2.4条	第4.3.5条	与"08 规范"相比:重新进行表述
69	第6.2.5条	第4.3.6条	与"08 规范"相比： (1)将"材料暂估价"改成"材料、工程设备暂估价" (2)将"招标人在其他项目清单"改成"招标工程量清单" (3)将"招标文件"改成"招标工程量清单"
70	第6.2.6条	第4.3.7条	与"08 规范"相比： 将"08"版规范条文中"第4.1.8条"改成"第3.1.5条"
71	第6.2.7条	第5.2.5条	与"08 规范"相比： 将"工程量清单"表述为"招标工程量清单"
72	第6.2.8条	第4.3.8条	没变化
73	第7.1.1条、 第7.1.2条	第4.4.1条、 第4.4.2条	与"08 规范"相比： (1)将"08"版规范第4.4.1条中"实行招标的工程合同价款应在中标通知书发出之日起30天内,由发、承包人双方依据招标文件和中标人的投标文件在书面合同中约定"一句与"第4.4.2条"合并成为"13"版规范"第7.1.1条" (2)将"08"版规范第4.4.1条中"不实行招标的工程合同价款,在发、承包人双方认可的工程价款基础上,由发、承包人双方在合同中约定"一句提出来作为"13"版规范的"第7.1.2条"
74	第7.1.3条	第4.4.3条	与"08 规范"相比： 新规范增加"合同工期较短、建设规模较小,技术难度较低,且施工图设计已审查完备的建设工程可以采用总价合同;紧急抢险、救灾以及施工技术特别复杂的建设工程可以采用成本加酬金合同"一句
75	第7.2.1条	第4.4.4条	与"08 规范"相比： (1)将"08"版规范第4.4.4条中"合同中没有约定或约定不明的,由双方协商确定;协商不能达成一致的按本规范执行"一句作为"13"版规范第7.1.2条,并表述为"合同中没有按照本规范第7.2.1条的要求约定或约定不明的,若发承包双方在合同履行中发生争议由双方协商确定;协商不能达成一致的,按本规范的规定执行" (2)新增"安全文明施工措施的支付计划,使用要求等"、"违约责任以及发生工程价款争议的解决方法及时间"两项 (3)将"索赔"改成"施工索赔","风险"改成"计价风险"
76	第8.2.1条	第4.1.3条	与"08 规范"相比:重新进行表述

序号	"13规范"	"08规范"	内容简介
77	第8.2.2条	第4.5.3条	与"08规范"相比： （1）将"工程量清单"改成"招标工程量清单" （2）将"漏项"改成"缺项" （3）将"工程量偏差"表述为"工程量计算偏差" （4）将"以及工程变更"表述为"或因工程变更" （5）将"合同义务过程"表述为"合同过程"
78	第8.2.3条	第4.5.4条	与"08规范"相比： （1）将"合同约定"表述为"合同约定的计量周期和时间" （2）将"发包人应在接到报告后按合同约定进行核对"表述为"，向发包人提交当期已完工程量报告。发包人应在收到报告后7天内核实，并将核实计量结果通知承包人。发包人未在约定时间内进行核实的，则承包人提交的计量报告中所列的工程量视为承包人实际完成的工程量"
79	第9.1.4条	第4.7.8条	与"08规范"相比：重新进行表述
80	第9.1.6条	第4.7.9条、第4.6.7条	与"08规范"相比：将原有条文合并为一条
81	第9.2.1条	第4.7.1条	与"08规范"相比： （1）将"影响工程造价的"表述为"引起工程造价增减变化的" （2）将"应按省级或行业建设主管部门或其授权的工程造价管理机构发布的规定"表述为"发承包双方应当按照省级或行业建设主管部门或其授权的工程造价管理机构据此发布的规定"
82	第9.3.1条	第4.7.3条	与"08规范"相比： 将"08版规范中原条文重新表述
83	第9.3.2条	第4.7.4条	与"08规范"相比： 将"08"版规范中原条文重新表述
84	第9.4.2条	第4.7.2条	与"08规范"相比： 将"若施工中出现施工图纸（含设计变更）与工程量清单项目特征描述不符的，发、承包双方应按新的项目特征确定相应工程量清单的综合单价"重新表述为"合同履行期间，出现实际施工设计图纸（含设计变更）与招标工程量清单任一项目的特征描述不符，且该变化引起该项目的工程造价增减变化的，应按照实际施工的项目特征重新确定相应工程量清单项目的综合单价，计算调整的合同价款"
85	第9.6.1条、第9.6.2条、第9.6.3条	第4.7.5条	与"08规范"相比： 将"08"版规范中的条文分解成三项，对因工程量引起的偏差做了更加详细的规定
86	第9.8.1条、第9.8.2条、第9.8.3条	第4.7.6条	与"08规范"相比： 将"08"版规范中的条文分解成三项，对因物价变化引起的工程价款的变化做了更加详细的规定
87	第9.9.1条、第9.9.2条、第9.9.3条	第4.1.7条	与"08规范"相比： 将"08"版规范中的条文分解成三项
88	第9.10.1条	第4.7.7条	与"08规范"相比：重新进行表述
89	第9.13.1条	第4.6.1条	没变化
90	第9.13.2条	第4.6.2条	与"08规范"相比： 重新进行表述
91	第9.13.3条	第4.6.3条	与"08规范"相比： 重新进行表述

序号	"13 规范"	"08 规范"	内容简介
92	第9.13.5条	第4.6.4条	与"08 规范"相比: (1)将"工程延期索赔"改成"工期索赔" (2)将"工程延期"改成"工程延期的批准"
93	第9.13.7条	第4.6.5条	与"08 规范"相比: 将"若发包人认为由于承包人的原因造成额外损失,发包人应在确认引起索赔的事件后,按合同约定向承包人发出索赔通知。 承包人在收到发包人索赔通知后并在合同约定时间内,未向发包人作出答复,视为该项索赔已经认可"重新表述为"根据合同约定,发包人认为由于承包人的原因造成发包人的损失,应参照承包人索赔的程序进行索赔"
94	第9.14.1条	第4.6.6条	与"08 规范"相比: 将"承包人应按合同约定及时向发包人提出现场签证"表述为"发包人应及时以书面形式向承包人发出指令,并应提供所需的相关资料;承包人在收到指令后,应及时向发包人提出现场签证要求"
95	第10.1.1条、 第10.1.2条、 第10.1.3条、 第10.1.4条、 第10.1.5条、 第10.1.6条、 第10.1.7条	第4.5.1条	与"08 规范"相比: 将"08"版规范中有关预付款的规定,进行更加具体的说明
96	第10.3.2条	第4.5.2条	与"08 规范"相比: 将"发包人支付工程进度款,应按照合同约定计量和支付,支付周期同计量周期"重新表述为"进度款支付周期,应与合同约定的工程计量周期一致"
97	第10.3.8条	第4.5.5条	与"08 规范"相比: 将"承包人应在每个付款周期末,向发包人递交进度款支付申请,并附相应的证明文件。除合同另有约定外,进度款支付申请应包括下列内容"重新表述为"承包人应在每个计量周期到期后的 7 天内向发包人提交已完工程进度款支付申请一式四份,详细说明此周期自己认为有权得到的款额,包括分包人已完工程的价款",并且将支付申请的内容也做了相应的变化
98	第10.3.9条、 第10.3.10条	第4.5.6条	与"08 规范"相比: 将原条文分解为两条
99	第10.3.12条	第4.5.7条、 第4.5.8条	与"08 规范"相比: 将"08"版规范中对未支付工程进度款的条款进行可合并,并做出了具体的时间限制
100	第11.1.1条	第4.8.1条	与"08 规范"相比: 将原条款"第4.8.1条"降级为普通条款;
101	第11.1.2条	第4.8.2条	与"08 规范"相比:重新进行对比表述
102	第11.1.5条	第4.8.12条	与"08 规范"相比: 将"工程所在地"表述为"工程所在地(或有该工程管辖权的行业主管部门)"
103	第11.2.1条	第4.8.3条	与"08 规范"相比: 增加"编制和复核" 依据的条文进行重新表述

续表

序号	"13 规范"	"08 规范"	内容简介
104	第 11.2.2 条	第 4.8.4 条	与"08 规范"相比: 重新进行表述
105	第 11.2.3 条	第 4.8.5 条	与"08 规范"相比: 将"4.1.5 条"变更为"3.1.5 条"
106	第 11.2.4 条	第 4.8.6 条	与"08 规范"相比: 重新进行表述
107	第 11.2.5 条	第 4.8.7 条	与"08 规范"相比: 将"4.1.8 条"变更为"3.1.6 条"
108	第 11.3.1 条	第 4.8.8 条	与"08 规范"相比:本条对"08 规范"第 4.8.8 条作了修改,增加了"承包人应在经发承包双方确认的合同工程期中价款结算的基础上汇总编制完成竣工结算文件"
109	第 11.3.2 条、 第 11.3.8 条	第 4.8.9 条	与"08 规范"相比:将原有条文拆解为两条
110	第 11.3.4 条、 第 11.3.5 条	第 4.8.10 条	与"08 规范"相比:将原有条文拆解为两条
111	第 11.3.9 条	第 4.9.2 条	没变化
112	第 11.4.1 条	第 4.8.13 条	与"08 规范"相比:重新进行表述
113	第 11.4.5 条	第 4.8.14 条	与"08 规范"相比:重新进行表述
114	第 13.2.1 条、 第 13.2.2 条、 第 13.2.3 条	第 4.9.1 条	与"08 规范"相比:重新进行表述
115	第 13.3 节、 第 13.4 节、 第 13.5 节	第 4.9.3 条	与"08 规范"相比:将原条文拆解进行详细的表述
116	第 14.1.1 条	第 4.9.4 条	与"08 规范"相比:重新进行表述
117	第 16.0.1 条	第 5.2.1 条	与"08 规范"相比: 将"工程量清单与计价"更改为"工程计价表" 将"本规范计价表格"更改为"本规范附录 B 至附录 L 计价表格"
118	第 16.0.6 条	第 5.2.4 条	与"08 规范"相比: 重新进行表述

3.2 《园林绿化工程工程量计算规范》(GB 50858—2013)简介

3.2.1 总则

1)为规范工程造价计量行为,统一园林绿化工程工程量清单的编制、项目设置和计量规则,制定《园林绿化工程工程量计算规范》。

2)《园林绿化工程工程量计算规范》适用于园林绿化工程施工发承包计价活动中的工程量清单编制和工程量计算。

3)园林绿化工程计量,应当按《园林绿化工程工程量计算规范》进行工程量计算。

4)工程量清单和工程量计算等造价文件的编制与核对应由具有资格的工程造价专业人

员承担。

5)园林绿化工程计价与计量活动,除应遵守本规范外,尚应符合国家现行有关标准的规定。

3.2.2 一般规定

1)工程量清单应由具有编制能力的招标人或受其委托具有相应资质的工程造价咨询人或招标代理人编制。

2)采用工程量清单方式招标,工程量清单必须作为招标文件的组成部分,其准确性和完整性由招标人负责。

3)工程量清单是工程量清单计价的基础,应作为编制招标控制价、投标报价、计算工程量、支付工程款、调整合同价款、办理竣工结算以及工程索赔等的依据之一。

4)编制工程量清单应依据:

(1)《园林绿化工程工程量计算规范》;

(2)国家或省级、行业建设主管部门颁发的计价依据和办法;

(3)建设工程设计文件;

(4)与建设工程项目有关的标准、规范、技术资料;

(5)招标文件及其补充通知、答疑纪要;

(6)施工现场情况、工程特点及常规施工方案;

(7)其他相关资料。

5)工程量计算除依据本规范各项规定外,尚应依据以下文件:

(1)经审定的施工设计图纸及其说明;

(2)经审定的施工组织设计或施工技术措施方案;

(3)经审定的其他有关技术经济文件。

6)《园林绿化工程工程量计算规范》对现浇混凝土工程项目"工作内容"中包括模板工程的内容,同时又在措施项目中单列了现浇混凝土模板工程项目。对此,由招标人根据工程实际情况选用,若招标人在措施项目清单中未编列现浇混凝土模板项目清单,即表示现浇混凝土模板项目不单列,现浇混凝土工程项目的综合单价中应包括模板工程费用。

7)预制混凝土构件按成品构件编制项目,购置费应计入综合单价中。若采用现场预制,包括预制构件制作的所有费用,编制招标控制价时,可按各省、自治区、直辖市或行业建设主管部门发布的计价定额和造价信息组价。

8)园林绿化工程(另有规定者除外)涉及到普通公共建筑物等工程的项目,按家标准《房屋建筑与装饰工程工程量计算规范》的相应项目执行;涉及到仿古建筑工程的项目,按国家标准《仿古建筑工程工程量计算规范》的相应项目执行;涉及到电气、给排水等安装工程的项目,按照国家标准《通用安装工程工程量计算规范》的相应项目执行;涉及到市政道路、室外给排水等工程的项目,按国家标准《市政工程工程量计算规范》的相应项目执行。

3.2.3 分部分项工程

1)分部分项工程量清单应包括项目编码、项目名称、项目特征、计量单位和工程量。

2)分部分项工程量清单应根据附录规定的项目编码、项目名称、项目特征、计量单位和工程量计算规则进行编制。

3)分部分项工程量清单的项目编码,应采用前十二位阿拉伯数字表示,一至九位应按附录的规定设置,十至十二位应根据拟建工程的工程量清单项目名称设置,同一招标工程的项目编码不得有重码。

4)分部分项工程量清单的项目名称应按附录的项目名称结合拟建工程的实际确定。

5)分部分项工程量清单项目特征应按附录中规定的项目特征,结合拟建工程项目的实际予以描述。

6)分部分项工程量清单中所列工程量应按附录中规定的工程量计算规则计算。

7)分部分项工程量清单的计量单位应按附录中规定的计量单位确定。

8)《园林绿化工程工程量计算规范》附录中有两个或两个以上计量单位的,应结合拟建工程项目的实际情况,选择其中一个确定。

9)工程计量时每一项目汇总的有效位数应遵守下列规定:

(1)以"t"为单位,应保留小数点后三位数字,第四位小数四舍五入;

(2)以"m、m²、m³、kg"为单位,应保留小数点后两位数字,第三位小数四舍五入;

(3)以"株、丛、个、件、根、套、组"等为单位,应取整数。

10)编制工程量清单出现附录中未包括的项目,编制人应作补充,并报省级或行业工程造价管理机构备案,省级或行业工程造价管理机构应汇总报住房和城乡建设部标准定额研究所。补充项目的编码由本规范的代码05与B和三位阿拉伯数字组成,并应从05B001起顺序编制,同一招标工程的项目不得重码。工程量清单中需附有补充项目的名称、项目特征、计量单位、工程量计算规则、工程内容。

3.2.4 措施项目

1)措施项目中列出了项目编码、项目名称、项目特征、计量单位、工程量计算规则的项目,编制工程量清单时,应按照《园林绿化工程工程量计算规范》中"4. 工程量清单编制"执行。

2)措施项目仅列出项目编码、项目名称,未列出项目特征、计量单位和工程量计算规则的项目,编制工程量清单时,应按《园林绿化工程工程量计算规范》附录措施项目规定的项目编码、项目名称确定。

3)措施项目应根据拟建工程的实际情况列项,若出现《园林绿化工程工程量计算规范》未列的项目,可根据工程实际情况补充。编码规则按《园林绿化工程工程量计算规范》第4.0.10条执行。

第 4 章　绿化工程工程量计算

4.1　绿地整理

4.1.1　定额工程量计算规则

1）绿地整理的工作内容：

（1）清理场地（不包括建筑垃圾及障碍物的清除）。

（2）厚度 30cm 以内的挖、填、找平。

（3）绿地整理。

2）绿地整理的工程量以 $10m^2$ 计算。

4.1.2　新旧工程量计算规则对比

绿地整理工程量清单项目及计算规则变化情况，见表 4-1。

表 4-1　绿地整理

序号	"13 规范"项目名称、编码	"08 规范"项目名称、编码	变化情况
1	砍伐乔木（编码：050101001）	伐树、挖树根（编码：050101001）	项目特征：**变化** 计量单位：**变化** 工程量计算规则：**不变** 工程内容：**变化**
2	挖树根（蔸）（编码：050101002）		
3	砍挖灌木丛及根（编码：050101003）	砍挖灌木丛（编码：050101002）	项目特征：**变化** 计量单位：**变化** 工程量计算规则：**不变** 工程内容：**变化**
4	砍挖竹及根（编码：050101004）	砍挖竹根（编码：050101003）	项目特征：**变化** 计量单位：**变化** 工程量计算规则：**不变** 工程内容：**变化**
5	砍挖芦苇（或其他水生植物）及根（编码：050101005）	砍挖芦苇根（编码：050101004）	项目特征：**变化** 计量单位：**不变** 工程量计算规则：**不变** 工程内容：**变化**
6	清除草皮（编码：050101006）	清除草皮（编码：050101005）	项目特征：**变化** 计量单位：**不变** 工程量计算规则：**不变** 工程内容：**不变**

序号	"13 规范"项目名称、编码	"08 规范"项目名称、编码	变化情况
7	清除地被植物(编码:050101007)	无	新增
8	屋面清理(编码:050101008)	无	新增
9	种植土回(换)填(编码:050101009)	无	新增
10	整理绿化用地(编码:050101010)	整理绿化用地(编码:050101006)	项目特征:变化 计量单位:不变 工程量计算规则:不变 工程内容:变化
11	绿地起坡造型(编码:050101011)	无	新增
12	屋顶花园基底处理 (编码:050101012)	屋顶花园基底处理 (编码:050101007)	项目特征:变化 计量单位:不变 工程量计算规则:不变 工程内容:变化

4.1.3 "13 规范"清单计价工程量计算规则

绿地整理(编码:050101)工程量清单项目设置及工程量计算规则,见表4-2。

表 4-2　绿地整理(编码:050101)

项目编码	项目名称	项目特征	计量单位	工程量计算规则	工作内容
050101001	砍伐乔木	树干胸径	株	按数量计算	1. 砍伐 2. 废弃物运输 3. 场地清理
050101002	挖树根(蔸)	地径			1. 挖树根 2. 废弃物运输 3. 场地清理
050101003	砍挖灌木丛及根	丛高或蓬径	1. 株 2. m²	1. 以株计量,按数量计算 2. 以"m²"计量,按面积计算	1. 砍挖 2. 废弃物运输 3. 场地清理
050101004	砍挖竹及根	根盘直径	株(丛)	按数量计算	
050101005	砍挖芦苇(或其他水生植物)及根	根盘丛径			
050101006	清除草皮	草皮种类	m²	按面积计算	1. 除草 2. 废弃物运输 3. 场地清理
050101007	清除地被植物	植物种类			1. 清除植物 2. 废弃物运输 3. 场地清理
050101008	屋面清理	1. 屋面做法 2. 屋面高度		按设计图示尺寸以面积计算	1. 原屋面清扫 2. 废弃物运输 3. 场地清理
050101009	种植土回(换)填	1. 回填土质要求 2. 取土运距 3. 回填厚度 4. 弃土运距	1. m³ 2. 株	1. 以"m³"计量,按设计图示回填面积乘以回填厚度以体积计算 2. 以"株"计量,按设计图示数量计算	1. 土方挖、运 2. 回填 3. 找平、找坡 4. 废弃物运输

项目编码	项目名称	项目特征	计量单位	工程量计算规则	工作内容
050101010	整理绿化用地	1. 回填土质要求 2. 取土运距 3. 回填厚度 4. 找平找坡要求 5. 弃渣运距	m²	按设计图示尺寸以面积计算	1. 排地表水 2. 土方挖、运 3. 耙细、过筛 4. 回填 5. 找平、找坡 6. 拍实 7. 废弃物运输
050101011	绿地起坡造型	1. 回填土质要求 2. 取土运距 3. 起坡平均高度	m³	按设计图示尺寸以体积计算	1. 排地表水 2. 土方挖、运 3. 耙细、过筛 4. 回填 5. 找平、找坡 6. 废弃物运输
050101012	屋顶花园基底处理	1. 找平层厚度、砂浆种类、强度等级 2. 防水层种类、做法 3. 排水层厚度、材质 4. 过滤层厚度、材质 5. 回填轻质土厚度、种类 6. 屋面高度 7. 阻根层厚度、材质、做法	m²	按设计图示尺寸以面积计算	1. 抹找平层 2. 防水层铺设 3. 排水层铺设 4. 过滤层铺设 5. 填轻质土壤 6. 阻根层铺设 7. 运输

4.2 栽植花木

4.2.1 定额工程量计算规则

栽植花木的定额工程量计算规则，见表4-3。

表4-3 栽植花木定额工程量计算规则

项　目		内　　容
起挖乔木	带土球	(1)工作内容，包括起挖、包扎出坑、搬运集中、回土填坑。 (2)细目划分，按土球直径档位分别列项。特大或名贵树木另行计算
	裸根	(1)工作内容，包括起挖、出坑、修剪、打浆、搬运集中、回土填坑。 (2)细目划分，按胸径档位列项。特大或名贵树木另行计算
栽植乔木	带土球	(1)工作内容，包括挖坑、栽植(落坑、扶正、回土、捣实、筑水圈)、浇水、覆土、保墒、整形、清理。 (2)细目划分，按土球直径档位列项。特大或名贵树木另行计算
	裸根	(1)工作内容，包括挖坑、栽植(落坑、扶正、回土、捣实、筑水圈)、浇水、覆土、保墒、整形、清理。 (2)细目划分，按胸径档位分别列项。特大或名贵树木另行计算

续表

项　目		内　　　容
起挖灌木	带土球	(1)工作内容,包括起挖、包扎、出坑、搬运集中、回土填坑。 (2)细目划分,按土球直径分别列项。特大或名贵树木另行计算
	裸根	(1)工作内容,包括起挖、出坑、修剪、打浆、搬运集中、回土填坑。 (2)细目划分,按冠丛高度档位列项
栽植灌木	带土球	(1)工作内容,挖坑、栽植(扶正、捣实、回土、筑水圈)、浇水、覆土、保墒、整形、清理。 (2)细目划分,按土球直径档位分别列项。特大或名贵树木另行计算
	裸根	(1)工作内容,挖坑、栽植(扶正、捣实、回土、筑水圈)、浇水、覆土、保墒、整形、清理。 (2)细目划分,包括按冠丛高度档位分别列项
起挖竹类	散生竹	(1)工作内容,包括起挖、包扎、出坑、修剪、搬运集中、回土填坑。 (2)细目划分,按胸径档位分别列项
	丛生竹	(1)工作内容,与起挖竹类(散生竹)相同。 (2)细目划分,按根盘丛径档位分别列项
栽植竹类	散生竹	(1)工作内容,包括挖坑、栽植(扶正、捣实、回土、筑水圈)、浇水、覆土、保墒、整形、清理。 (2)细目划分,按胸径档位分别列项
	丛生竹	(1)工作内容,包括挖坑、栽植(扶正、捣实、回土、筑水圈)、浇水、覆土、保墒、整形、清理。 (2)细目划分,按根盘丛径档位分别列项
栽植绿篱		(1)工作内容,包括开沟、排苗、回土、筑水圈、浇水、覆土、整形、清理。 (2)细目划分,按单、双排和高度档位分别列项。工程量以 10 延长米计算
露地花卉栽植		(1)工作内容,包括翻土整地、清除杂物、施基肥、放样、栽植、浇水、清理。 (2)细目划分,按草本花、木本花、球块根类、一般图案花坛、彩纹图案花坛分别列填
草皮铺种		(1)工作内容,包括翻土整地、清除杂物、搬运草皮、浇水、清理。 (2)细目划分,按散铺、满铺、直生带、播种分别列项。种苗费未包括在定额内,另行计算
栽植水生植物		(1)工作内容,包括挖淤泥、搬运、种植、养护。 (2)细目划分,按荷花、睡莲分别列项
栽植攀缘植物		(1)工作内容,包括挖坑、栽植、回土、捣实、浇水、覆土、施肥、整理。 (2)细目划分,按 3 年生、4 年生、5 年生、6～8 年生分别列项。工程量以"100株"为单位计算

4.2.2　新旧工程量计算规则对比

栽植花木工程量清单项目及计算规则变化情况,见表4-4。

表4-4　栽植花木

序号	"13 规范"项目名称、编码	"08 规范"项目名称、编码	变化情况
1	栽植乔木(编码:050102001)	栽植乔木(编码:050102001)	项目特征:不变 计量单位:变化 工程量计算规则:不变 工程内容:不变

序号	"13规范"项目名称、编码	"08规范"项目名称、编码	变化情况
2	栽植灌木(编码:050102002)	栽植灌木(编码:050102004)	项目特征:变化 计量单位:变化 工程量计算规则:变化 工程内容:不变
3	栽植竹类(编码:050102003)	栽植竹类(编码:050102002)	项目特征:变化 计量单位:变化 工程量计算规则:不变 工程内容:不变
4	栽植棕榈类(编码:050102004)	栽植棕榈类(编码:050102003)	项目特征:变化 计量单位:不变 工程量计算规则:不变 工程内容:不变
5	栽植绿篱(编码:050102005)	栽植绿篱(编码:050102005)	项目特征:变化 计量单位:变化 工程量计算规则:变化 工程内容:不变
6	栽植攀缘植物(编码:050102006)	栽植攀缘植物(编码:050102006)	项目特征:变化 计量单位:变化 工程量计算规则:变化 工程内容:不变
7	栽植色带(编码:050102007)	栽植色带(编码:050102007)	项目特征:变化 计量单位:不变 工程量计算规则:变化 工程内容:不变
8	栽植花卉(编码:050102008)	栽植花卉(编码:050102008)	项目特征:变化 计量单位:变化 工程量计算规则:变化 工程内容:不变
9	栽植水生植物(编码:050102009)	栽植水生植物(编码:050102009)	项目特征:变化 计量单位:变化 工程量计算规则:变化 工程内容:不变
10	垂直墙体绿化种植 (编码:050102010)	无	新增
11	花卉立体布置(编码:050102011)	无	新增
12	铺种草皮(编码:050102012)	铺种草皮(编码:050102010)	项目特征:不变 计量单位:不变 工程量计算规则:变化 工程内容:不变
13	喷播植草(灌木)籽 (编码:050102013)	喷播植草(编码:050102011)	项目特征:变化 计量单位:不变 工程量计算规则:变化 工程内容:变化
14	植草砖内植草(编码:050102014)	无	新增
15	挂网(编码:050102015)	无	新增
16	箱/钵栽植(编码:050102016)	无	新增

4.2.3 "13 规范"清单计价工程量计算规则

栽植花木(编码:050102)工程量清单项目设置及工程量计算规则,见表4-5。

表 4-5 栽植花木(编码:050102)

项目编码	项目名称	项目特征	计量单位	工程量计算规则	工作内容
050102001	栽植乔木	1. 种类 2. 胸径或干径 3. 株高、冠径 4. 起挖方式 5. 养护期	株	按设计图示数量计算	
050102002	栽植灌木	1. 种类 2. 根盘直径 3. 冠丛高 4. 蓬径 5. 起挖方式 6. 养护期	1. 株 2. m²	1. 以"株"计量,按设计图示数量计算 2. 以"m²"计量,按设计图示尺寸以绿化水平投影面积计算	
050102003	栽植竹类	1. 竹种类 2. 竹胸径或根盘丛径 3. 养护期	株(丛)	按设计图示数量计算	1. 起挖 2. 运输 3. 栽植 4. 养护
050102004	栽植棕榈类	1. 种类 2. 株高、地径 3. 养护期	株		
050102005	栽植绿篱	1. 种类 2. 篱高 3. 行数、蓬径 4. 单位面积株数 5. 养护期	1. m 2. m²	1. 以"m"计量,按设计图示长度以"延长米"计算 2. 以"m²"计量,按设计图示尺寸以绿化水平投影面积计算	
050102006	栽植攀缘植物	1. 植物种类 2. 地径 3. 单位长度株数 4. 养护期	1. 株 2. m	1. 以"株"计量,按设计图示数量计算 2. 以"m"计量,按设计图示种植长度以延长米计算	
050102007	栽植色带	1. 苗木、花卉种类 2. 株高或蓬径 3. 单位面积株数 4. 养护期	m²	按设计图示尺寸以绿化水平投影面积计算	
050102008	栽植花卉	1. 花卉种类 2. 株高或蓬径 3. 单位面积株数 4. 养护期	1. 株(丛、缸) 2. m²	1. 以"株"("丛"、"缸")计量,按设计图示数量计算 2. 以"m²"计量,按设计图示尺寸以水平投影面积计算	1. 起挖 2. 运输 3. 栽植 4. 养护
050102009	栽植水生植物	1. 植物种类 2. 株高或蓬径或芽数/株 3. 单位面积株数 4. 养护期	1. 丛(缸) 2. m²		

项目编码	项目名称	项目特征	计量单位	工程量计算规则	工作内容
050102010	垂直墙体绿化种植	1. 植物种类 2. 生长年数或地（干）径 3. 栽植容器材质、规格 4. 栽植基质种类、厚度 5. 养护期	1. m² 2. m	1. 以"m²"计量,按设计图示尺寸以绿化水平投影面积计算 2. 以"m"计量,按设计图示种植长度以延长米计算	1. 起挖 2. 运输 3. 栽植容器安装 4. 栽植 5. 养护
050102011	花卉立体布置	1. 草本花卉种类 2. 高度或蓬径 3. 单位面积株数 4. 种植形式 5. 养护期	1. 单体（处） 2. m²	1. 以单体（处）计量,按设计图示数量计算 2. 以"m²"计量,按设计图示尺寸以面积计算	1. 起挖 2. 运输 3. 栽植 4. 养护
050102012	铺种草皮	1. 草皮种类 2. 铺种方式 3. 养护期	m²	按设计图示尺寸以绿化投影面积计算	1. 起挖 2. 运输 3. 铺底砂（土） 4. 栽植 5. 养护
050102013	喷播植草（灌木）籽	1. 基层材料种类、规格 2. 草（灌木）籽种类 3. 养护期	m²	按设计图示尺寸以绿化投影面积计算	1. 基层处理 2. 坡地细整 3. 喷播 4. 覆盖 5. 养护
050102014	植草砖内植草	1. 草坪种类 2. 养护期	m²	按设计图示尺寸以绿化投影面积计算	1. 起挖 2. 运输 3. 覆土（砂） 4. 铺设 5. 养护
050102015	挂网	1. 种类 2. 规格	m²	按设计图示尺寸以挂网投影面积计算	1. 制作 2. 运输 3. 安放
050102016	箱/钵栽植	1. 箱/钵体材料品种 2. 箱/钵外型尺寸 3. 栽植植物种类、规格 4. 土质要求 5. 防护材料种类 6. 养护期	个	按设计图示箱/钵数量计算	1. 制作 2. 运输 3. 安放 4. 栽植 5. 养护

4.3 绿地喷灌

4.3.1 新旧工程量计算规则对比

绿地喷灌工程量清单项目及计算规则变化情况,见表4-6。

表 4-6　绿地喷灌

序号	"13 规范"项目名称、编码	"08 规范"项目名称、编码	变化情况
1	喷灌管线安装(编码:050103001)	喷灌设施(编码:050103001)	项目特征:变化 计量单位:变化 工程量计算规则:变化 工程内容:变化
2	喷灌配件安装(编码:050103002)	无	新增

4.3.2　"13 规范"清单计价工程量计算规则

绿地喷灌(编码:050103)工程量清单项目设置及工程量计算规则,见表 4-7。

表 4-7　绿地喷灌(编码:050103)

项目编码	项目名称	项目特征	计量单位	工程量计算规则	工作内容
050103001	喷灌管线安装	1. 管道品种、规格 2. 管件品种、规格 3. 管道固定方式 4. 防护材料种类 5. 油漆品种、刷漆遍数	m	按设计图示管道中心线长度以延长米计算,不扣除检查(阀门)井、阀门、管件及附件所占的长度	1. 管道铺设 2. 管道固筑 3. 水压试验 4. 刷防护材料、油漆
050103002	喷灌配件安装	1. 管道附件、阀门、喷头品种、规格 2. 管道附件、阀门、喷头固定方式 3. 防护材料种类 4. 油漆品种、刷漆遍数	个	按设计图示数量计算	1. 管道附件、阀门、喷头安装 2. 水压试验 3. 刷防护材料油漆

第5章 园路、园桥、假山工程工程量计算

5.1 园路、园桥工程

5.1.1 定额工程量计算规则

园路、园桥工程定额工程量的计算规则,见表5-1。

表 5-1 园路、园桥工程定额工程量计算规则

项 目		内 容
园路	土基整理	厚度在30cm以内挖土、填土、找平、夯实、修整,弃土于2m以外
	垫层	(1)工作内容,筛土、浇水、拌和、铺设、找平、灌浆、振实、养护。 (2)细目划分,按砂、灰土、煤渣、碎石、混凝土分别列项
	面层	(1)工作内容,包括放线、修整路槽、夯实、修平垫层、调浆、铺面层、嵌缝、清扫。 (2)细目划分 1)卵石面层,按彩色拼花、素色(含彩边)分别列项。 2)现浇混凝土面层,按纹形、水刷分别列项。 3)预制混凝土块料面层,按异型、大块、方格、假冰片分别列项。 4)石板面层,按方整石板、冰纹石板分别列项。 5)八五砖面层,按平铺、侧铺分别列项。 6)瓦片、碎缸片、弹石片、小方碎石、六角板面层应分别列项
园桥	工作内容	包括选石,修石,运石,调、运,铺砂浆,砌石,安装桥面
	分项内容	(1)毛石基础、桥台(分毛石、条石)、条石桥墩、护坡(分毛石、条石)应分别列项。工程量均按图示尺寸以"m^3"计算。 (2)石桥面以"$10m^2$"计算。 (3)园桥挖土、垫层、勾缝及有关配件制作、安装应套用相应项目另行计算

5.1.2 新旧工程量计算规则对比

园路、园桥工程量清单项目及计算规则变化情况,见表5-2。

表 5-2 园路、园桥

序号	"13规范"项目名称、编码	"08规范"项目名称、编码	变化情况
1	园路(编码:050201001)	园路(编码:050201001)	项目特征:变化 计量单位:不变 工程量计算规则:不变 工程内容:不变
2	踏(蹬)道(编码:050201002)	无	新增
3	路牙铺设(编码:050201003)	路牙铺设(编码:050201002)	项目特征:变化 计量单位:不变 工程量计算规则:不变 工程内容:不变

续表

序号	"13规范"项目名称、编码	"08规范"项目名称、编码	变化情况
4	树池围牙、盖板(算子) (编码:050201004)	树池围牙、盖板 (编码:050201003)	项目特征:不变 计量单位:变化 工程量计算规则:变化 工程内容:不变
5	嵌草砖(格)铺装(编码:050201005)	嵌草砖铺装(编码:050201004)	不变
6	桥基础(编码:050201006)	石桥基础(编码:050201005)	项目特征:变化 计量单位:不变 工程量计算规则:不变 工程内容:不变
7	石桥墩、石桥台(编码:050201007)	石桥墩、石桥台(编码:050201006)	不变
8	拱券石(编码:050201008)	拱券石制作、安装(编码:050201007)	不变
9	石券脸(编码:050201009)	石券脸制作、安装(编码:050201008)	不变
10	金刚墙砌筑(编码:050201010)	金刚墙砌筑(编码:050201009)	不变
11	石桥面铺筑(编码:050201011)	石桥面铺筑(编码:050201010)	不变
12	石桥面檐板(编码:050201012)	石桥面檐板(编码:050201011)	不变
13	石汀步(步石、飞石) (编码:050201013)	仰天石、地伏石(编码:050201012)	项目特征:变化 计量单位:变化 工程量计算规则:变化 工程内容:变化
14	木制步桥(编码:050201014)	木制步桥(编码:050201016)	不变
15	栈道(编码:050201015)	无	新增

5.1.3　"13规范"清单计价工程量计算规则

园路、园桥工程(编码:050201)工程量清单项目设置及工程量计算规则,见表5-3。

表5-3　园路、园桥工程(编码:050201)

项目编码	项目名称	项目特征	计量单位	工程量计算规则	工作内容
050201001	园路	1. 路床土石类别 2. 垫层厚度、宽度、材料种类 3. 路面厚度、宽度、材料种类 4. 砂浆强度等级	m²	按设计图示尺寸以面积计算,不包括路牙	1. 路基、路床整理 2. 垫层铺筑 3. 路面铺筑 4. 路面养护
050201002	踏(蹬)道			按设计图示尺寸以水平投影面积计算,不包括路牙	
050201003	路牙铺设	1. 垫层厚度、材料种类 2. 路牙材料种类、规格 3. 砂浆强度等级	m	按设计图示尺寸以长度计算	1. 基层清理 2. 垫层铺设 3. 路牙铺设
050201004	树池围牙、盖板(算子)	1. 围牙材料种类、规格 2. 铺设方式 3. 盖板材料种类、规格	1. m 2. 套	1. 以"m"计量,按设计图示尺寸以长度计算 2. 以"套"计量,按设计图示数量计算	1. 清理基层 2. 围牙、盖板运输 3. 围牙、盖板铺设

续表

项目编码	项目名称	项目特征	计量单位	工程量计算规则	工作内容
050201005	嵌草砖（格）铺装	1. 垫层厚度 2. 铺设方式 3. 嵌草砖（格）品种、规格、颜色 4. 漏空部分填土要求	m²	按设计图示尺寸以面积计算	1. 原土夯实 2. 垫层铺设 3. 铺砖 4. 填土
050201006	桥基础	1. 基础类型 2. 垫层及基础材料种类、规格 3. 砂浆强度等级	m³	按设计图示尺寸以体积计算	1. 垫层铺筑 2. 起重架搭、拆 3. 基础砌筑 4. 砌石
050201007	石桥墩、石桥台	1. 石料种类、规格 2. 勾缝要求 3. 砂浆强度等级、配合比	m³	按设计图示尺寸以体积计算	1. 石料加工 2. 起重架搭、拆 3. 墩、台、券石、券脸砌筑 4. 勾缝
050201008	拱券石	1. 石料种类、规格 2. 券脸雕刻要求 3. 勾缝要求 4. 砂浆强度等级、配合比		按设计图示尺寸以体积计算	
050201009	石券脸		m²	按设计图示尺寸以面积计算	
050201010	金刚墙砌筑		m²	按设计图示尺寸以体积计算	1. 石料加工 2. 起重架搭、拆 3. 砌石 4. 填土夯实
050201011	石桥面铺筑	1. 石料种类、规格 2. 找平层厚度、材料种类 3. 勾缝要求 4. 混凝土强度等级 5. 砂浆强度等级	m²	按设计图示尺寸以面积计算	1. 石料加工 2. 抹找平层 3. 超重架搭、拆 4. 桥面、桥面踏步铺设 5. 勾缝
050201012	石桥面檐板	1. 石料种类、规格 2. 勾缝要求 3. 砂浆强度等级、配合比			1. 石料加工 2. 檐板铺设 3. 铁锔、银锭安装 4. 勾缝
050201013	石汀步（步石、飞石）	1. 石料种类、规格 2. 砂浆强度等级、配合化	m³	按设计图示尺寸以体积计算	1. 基层整理 2. 石料加工 3. 砂浆调运 4. 砌石
050201014	木制步桥	1. 桥宽度 2. 桥长度 3. 木材种类 4. 各部位截面长度 5. 防护材料种类	m²	按桥面板设计图示尺寸以面积计算	1. 木桩加工 2. 打木桩基础 3. 木梁、木桥板、木桥栏杆、木扶手制作、安装 4. 连接铁件、螺栓安装 5. 刷防护材料
050201015	栈道	1. 栈道宽度 2. 支架材料种类 3. 面层材料种类 4. 防护材料种类	m²	按栈道面板设计图示尺寸以面积计算	1. 凿洞 2. 安装支架 3. 铺设面板 4. 刷防护材料

5.2　驳岸、护岸工程

5.2.1　新旧工程量计算规则对比

驳岸、护岸工程工程量清单项目及计算规则变化情况,见表5-4。

表5-4　驳岸、护岸工程

序号	"13 规范"项目名称、编码	"08 规范"项目名称、编码	变化情况
1	石(卵石)砌驳岸 (编码:050202001)	石砌驳岸 (编码:050203001)	项目特征:不变 计量单位:变化 工程量计算规则:变化 工程内容:不变
2	原木桩驳岸(编码:050202002)	原木桩驳岸(编码:050203002)	项目特征:不变 计量单位:变化 工程量计算规则:变化 工程内容:不变
3	满(散)铺砂卵石护岸 (自然护岸)(编码:050202003)	散铺砂卵石护岸 (自然护岸)(编码:050203003)	项目特征:不变 计量单位:变化 工程量计算规则:变化 工程内容:不变
4	点(散)布大卵石(编码:050202004)	无	新增
5	框格花木护坡(编码:050202005)	无	新增

5.2.2　"13 规范"清单计价工程量计算规则

驳岸、护岸工程(编码:050202)工程量清单项目设置及工程量计算规则,见表5-5。

表5-5　驳岸、护岸工程(编码:050202)

项目编码	项目名称	项目特征	计量单位	工程量计算规则	工作内容
050202001	石(卵石)砌驳岸	1. 石料种类、规格 2. 驳岸截面、长度 3. 勾缝要求 4. 砂浆强度等级、配合比	1. m³ 2. t	1. 以"m³"计量,按设计图示尺寸以体积计算 2. 以"t"计量,按质量计算	1. 石料加工 2. 砌石(卵石) 3. 勾缝
050202002	原木桩驳岸	1. 木材种类 2. 桩直径 3. 桩单根长度 4. 防护材料种类	1. m 2. 根	1. 以"m"计量,按设计图示桩长(包括桩尖)计算 2. 以"根"计量,按设计图示数量计算	1. 木桩加工 2. 打木桩 3. 刷防护材料
050202003	满(散)铺砂卵石护岸(自然护岸)	1. 护岸平均宽度 2. 粗细砂比例 3. 卵石粒径	1. m² 2. t	1. 以"m²"计量,按设计图示尺寸以护岸展开面积计算 2. 以"t"计量,按卵石使用质量计算	1. 修边坡 2. 铺卵石
050202004	点(散)布大卵石	1. 大卵石料经 2. 数量	1. 块(个) 2. t	1. 以"块(个)"计量,按设计图示数量计算 2. 以"t"计量,按卵石使用质量计算	1. 布石 2. 安砌 3. 成型
050202005	框格花木护岸	1. 展开宽度 2. 护坡材质 3. 框格种类与规格	m²	按设计图示尺寸展开宽度乘以长度以面积计算	1. 修边坡 2. 安放框格

65

第6章　园林景观工程工程量计算

6.1　堆塑假山

6.1.1　定额工程量计算规则

堆塑假山定额工程量的计算规则,见表6-1。

表6-1　堆塑假山定额工程量计算规则

项　目		内　容
堆塑假山	工作内容	(1)放样、选石、运石、调运砂浆(混凝土)。 (2)堆砌,搭、拆简单脚手架。 (3)塞垫嵌缝、清理、养护
	分项内容	(1)湖石假山、黄石假山、整块湖石峰、人造湖石峰、人造黄石峰、石笋安装、土山点石均按高度档位分别列项。 (2)布置景石,按质量(t)档位分别列项。 (3)自然式护岸,按湖石计算的,如采用黄石砌筑,则湖石换算成黄石,数量不变
塑假石山	工作内容	(1)放样画线,挖土方,浇混凝土垫层。 (2)砌骨架或焊钢骨架,挂钢网,堆砌成型
	分项内容	(1)砖骨架塑假山,按高度档位分别列项。如设计要求做部分钢筋混凝土骨架时,应进行换算。 (2)钢骨架塑假山,基础、脚手架、主骨架的工料费没包括在内,应另行计算

6.1.2　新旧工程量计算规则对比

堆塑假山工程量清单项目及计算规则变化情况,见表6-2。

表6-2　堆塑假山

序号	"13规范"项目名称、编码	"08规范"项目名称、编码	变化情况
1	堆筑土山丘(编码:050301001)	堆筑土山丘(编码:050202001)	不变
2	堆砌石假山(编码:050301002)	堆砌石假山(编码:050202002)	项目特征:不变 计量单位:不变 工程量计算规则:变化 工程内容:不变
3	塑假山(编码:050301003)	塑假山(编码:050202003)	项目特征:不变 计量单位:不变 工程量计算规则:变化 工程内容:不变

序号	"13规范"项目名称、编码	"08规范"项目名称、编码	变化情况
4	石笋(编码:050301004)	石笋(编码:050202004)	项目特征:不变 计量单位:不变 工程量计算规则:变化 工程内容:不变
5	点风景石(编码:050301005)	点风景石(编码:050202005)	项目特征:不变 计量单位:变化 工程量计算规则:变化 工程内容:不变
6	池、盆景置石(编码:050301006)	池石、盆景山(编码:050202006)	项目特征:不变 计量单位:不变 工程量计算规则:变化 工程内容:不变
7	山(卵)石护角 (编码:050301007)	山石护角(编码:050202007)	不变
8	山坡(卵)石台阶 (编码:050301008)	山坡石台阶(编码:050202008)	不变

6.1.3 "13规范"清单计价工程量计算规则

堆塑假山(编码:050301)工程量清单项目设置及工程量计算规则,见表6-3。

表6-3　堆塑假山(编码:050301)

项目编码	项目名称	项目特征	计量单位	工程量计算规则	工作内容
050301001	堆筑土山丘	1. 土丘高度 2. 土丘坡度要求 3. 土丘底外接矩形面积	m^3	按设计图示山丘水平投影外接矩形面积乘以高度的1/3以体积计算	1. 取土、运土 2. 堆砌、夯实 3. 修整
050301002	堆砌石假山	1. 堆砌高度 2. 石料种类、单块重量 3. 混凝土强度等级 4. 砂浆强度等级、配合比	t	按设计图示尺寸以质量计算	1. 选料 2. 起重机搭、拆 3. 堆砌、修整
050301003	塑假山	1. 假山高度 2. 骨架材料种类、规格 3. 山皮料种类 4. 混凝土强度等级 5. 砂浆强度等级、配合比 6. 防护材料种类	m^2	按设计图示尺寸以展开面积计算	1. 骨架制作 2. 假山胎模制作 3. 塑假山 4. 山皮料安装 5. 刷防护材料

续表

项目编码	项目名称	项目特征	计量单位	工程量计算规则	工作内容
050301004	石笋	1. 石笋高度 2. 石笋材料种类 3. 砂浆强度等级、配合比	支	1. 以"块（支、个）"计量，按设计图示数量计算 2. 以"t"计量，按设计图示石料质量计算	1. 选石料 2. 石笋安装
050301005	点风景石	1. 石料种类 2. 石料规格、重量 3. 砂浆配合比	1. 块 2. t		1. 选石料 2. 起重架搭、拆 3. 点石
050301006	池、盆景置石	1. 底盘种类 2. 山石高度 3. 山石种类 4. 混凝土砂浆强度等级 5. 砂浆强度等级、配合比	1. 座 2. 个	1. 以"块（支、个）"计量，按设计图示数量计算 2. 以"t"计量，按设计图示石料质量计算	1. 底盘制作、安装 2. 池、盆景山石安装、砌筑
050301007	山（卵）石护角	1. 石料种类、规格 2. 砂浆配合比	m³	按设计图示尺寸以体积计算	1. 石料加工 2. 砌石
050301008	山坡（卵）石台阶	1. 石料种类、规格 2. 台阶坡度 3. 砂浆强度等级	m²	按设计图示尺寸以水平投影面积计算	1. 选石料 2. 台阶砌筑

6.2 原木、竹构件

6.2.1 新旧工程量计算规则对比

原木、竹构件工程量清单项目及计算规则变化情况，见表6-4。

表6-4 原木、竹构件

序号	"13规范"项目名称、编码	"08规范"项目名称、编码	变化情况
1	原木（带树皮）柱、梁、檩、椽（编码：050302001）	原木（带树皮）柱、梁、檩、椽（编码：050301001）	不变
2	原木（带树皮）墙（编码：050302002）	原木（带树皮）墙（编码：050301002）	不变
3	树枝吊挂楣子（编码：050302003）	树枝吊挂楣子（编码：050301003）	不变
4	竹柱、梁、檩、椽（编码：050302004）	竹柱、梁、檩、椽（编码：050301004）	不变
5	竹编墙（编码：050302005）	竹编墙（编码：050301005）	不变
6	竹吊挂楣子（编码：050302006）	竹吊挂楣子（编码：050301006）	不变

6.2.2 "13规范"清单计价工程量计算规则

原木、竹构件（编码：050302）工程量清单项目设置及工程量计算规则，见表6-5。

表 6-5　原木、竹构件（编码:050302）

项目编码	项目名称	项目特征	计量单位	工程量计算规则	工作内容
050302001	原木（带树皮）柱、梁、檩、椽	1. 原木种类 2. 原木直(梢)径（不含树皮厚度） 3. 墙龙骨材料种类、规格 4. 墙底层材料种类、规格 5. 构件联结方式 6. 防护材料种类	m	按设计图示尺寸以长度计算（包括榫长）	1. 构件制作 2. 构件安装 3. 刷防护材料
050302002	原木（带树皮）墙		m²	按设计图示尺寸以面积计算（不包括柱、梁）	
050302003	树枝吊挂楣子			按设计图示尺寸以框外围面积计算	
050302004	竹柱、梁、檩、椽	1. 竹种类 2. 竹直(梢)径 3. 连接方式 4. 防护材料种类	m	按设计图示尺寸以长度计算	1. 构件制作 2. 构件安装 3. 刷防护材料
050302005	竹编墙	1. 竹种类 2. 墙龙骨材料种类、规格 3. 墙底层材料种类、规格 4. 防护材料种类	m²	按设计图示尺寸以面积计算（不包括柱、梁）	
050302006	竹吊挂楣子	1. 竹种类 2. 竹梢径 3. 防护材料种类		按设计图示尺寸以框外围面积计算	

6.3　亭廊屋面

6.3.1　新旧工程量计算规则对比

亭廊屋面工程量清单项目及计算规则变化情况,见表 6-6。

表 6-6　亭廊屋面

序号	"13 规范"项目名称、编码	"08 规范"项目名称、编码	变化情况
1	草屋面 （编码:050303001）	草屋面 （编码:050302001）	不变
2	竹屋面（编码:050303002）	竹屋面（编码:050302002）	项目特征:不变 计量单位:不变 工程量计算规则:变化 工程内容:不变
3	树皮屋面（编码:050303003）	树皮屋面（编码:050302003）	项目特征:不变 计量单位:不变 工程量计算规则:变化 工程内容:不变

序号	"13规范"项目名称、编码	"08规范"项目名称、编码	变化情况
4	油毡瓦屋面 (编码:050303004)	无	新增
5	预制混凝土穹顶 (编码:050303005)	就位预制混凝土穹顶 (编码:050302007)	项目特征:变化 计量单位:不变 工程量计算规则:不变 工程内容:变化
6	彩色压型钢板(夹芯板) 攒尖亭屋面板 (编码:050303006)	彩色压型钢板(夹芯板) 攒尖亭屋面板 (编码:050302008)	项目特征:不变 计量单位:不变 工程量计算规则:变化 工程内容:不变
7	彩色压型钢板(夹芯板)穹顶 (编码:050303007)	彩色压型钢板(夹芯板)穹顶 (编码:050302009)	项目特征:不变 计量单位:不变 工程量计算规则:变化 工程内容:不变
8	玻璃屋面 (编码:050303008)	无	新增
9	木(防腐木)屋面 (编码:050303009)	无	新增

6.3.2 "13规范"清单计价工程量计算规则

亭廊屋面(编码:050303)工程量清单项目设置及工程量计算规则,见表6-7。

表6-7 亭廊屋面(编码:050303)

项目编码	项目名称	项目特征	计量单位	工程量计算规则	工作内容
050303001	草屋面	1. 屋面坡度 2. 铺草种类 3. 竹材种类 4. 防护材料种类	m²	按设计图示尺寸以斜面计算	1. 整理、选料 2. 屋面铺设 3. 刷防护材料
050303002	竹屋面			按设计图示尺寸以实铺面积计算(不包括柱、梁)	
050303003	树皮屋面			按设计图示尺寸以屋面结构外围面积计算	
050303004	油毡瓦屋面	1. 冷底子油品种 2. 冷底子油涂刷遍数 3. 油毡瓦颜色规格		按设计图示尺寸以斜面计算	1. 清理基层 2. 材料裁接 3. 刷油 4. 铺设
050303005	预制混凝土穹顶	1. 穹顶弧长、直径 2. 肋截面尺寸 3. 板厚 4. 混凝土强度等级 5. 拉杆材质、规格	m³	按设计图示尺寸以体积计算。混凝土脊和穹顶的肋、基梁并入屋面体积	1. 模板制作、运输、安装、拆除、保养 2. 混凝土制作、运输、浇筑、振捣、养护 3. 构件运输、安装 4. 砂浆制作、运输 5. 接头灌缝、养护

续表

项目编码	项目名称	项目特征	计量单位	工程量计算规则	工作内容
050303006	彩色压型钢板（夹芯板）攒尖亭屋面板	1. 屋面坡度 2. 穹顶弧长、直径 3. 彩色压型钢（夹芯）板品种、规格	m²	按设计图示尺寸以实铺面积计算	1. 压型板安装 2. 护角、包角、泛水安装 3. 嵌缝 4. 刷防护材料
050303007	彩色压型钢板（夹芯板）穹顶	4. 拉杆材质、规格 5. 嵌缝材料种类 6. 防护材料种类			
050303008	玻璃屋面	1. 屋面坡度 2. 龙骨材质、规格 3. 玻璃材质、规格 4. 防护材料种类			1. 制作 2. 运输 3. 安装
050303009	木（防腐木）屋面	1. 木（防腐木）种类 2. 防护层处理			1. 制作 2. 运输 3. 安装

6.4　花　　架

6.4.1　新旧工程量计算规则对比

花架工程量清单项目及计算规则变化情况,见表6-8。

表6-8　花架

序号	"13规范"项目名称、编码	"08规范"项目名称、编码	变化情况
1	现浇混凝土花架柱、梁（编码:050304001）	现浇混凝土花架柱、梁（编码:050303001）	项目特征:变化 计量单位:不变 工程量计算规则:不变 工程内容:变化
2	预制混凝土花架柱、梁（编码:050304002）	预制混凝土花架柱、梁（编码:050303002）	项目特征:不变 计量单位:不变 工程量计算规则:不变 工程内容:变化
3	金属花架柱、梁（编码:050304003）	金属花架柱、梁（编码:050303004）	项目特征:不变 计量单位:不变 工程量计算规则:不变 工程内容:变化
4	木花架柱、梁（编码:050304004）	木花架柱、梁（编码:050303003）	项目特征:不变 计量单位:不变 工程量计算规则:不变 工程内容:变化
5	竹花架柱、梁（编码:050304005）	无	新增

6.4.2　"13规范"清单计价工程量计算规则

花架(编码:050304)工程量清单项目设置及工程量计算规则,见表6-9。

表6-9 花架(编码:050304)

项目编码	项目名称	项目特征	计量单位	工程量计算规则	工作内容
050304001	现浇混凝土花架柱、梁	1. 柱截面、高度、根数 2. 盖梁截面、高度、根数 3. 连系梁截面、高度、根数 4. 混凝土强度等级	m³	按设计图示尺寸以体积计算	1. 模板制作、运输、安装、拆除、保养 2. 混凝土制作、运输、浇筑、振捣、养护
050304002	预制混凝土花架柱、梁	1. 柱截面、高度、根数 2. 盖梁截面、高度、根数 3. 连系梁截面、高度、根数 4. 混凝土强度等级 5. 砂浆配合比			1. 模板制作、运输、安装、拆除、保养 2. 混凝土制作、运输、浇筑、振捣、养护 3. 构件运输、安装 4. 砂浆制作、运输 5. 接头灌缝、养护
050304003	金属花架柱、梁	1. 钢材品种、规格 2. 柱、梁截面 3. 油漆品种、刷漆遍数	t	按设计图示尺寸以质量计算	1. 制作、运输 2. 安装 3. 油漆
050304004	木花架柱、梁	1. 木材种类 2. 柱、梁截面 3. 连接方式 4. 防护材料种类	m³	按设计图示截面乘长度(包括榫长)以体积计算	1. 构件制作、运输、安装 2. 刷防护材料、油漆
050304005	竹花架柱、梁	1. 竹种类 2. 竹胸径 3. 油漆品种、刷漆遍数	1. m 2. 根	1. 以长度计量,按设计图示花架构件尺寸以延长米计算 2. 以"根"计量,按设计图示花架柱、梁数量计算	1. 制作 2. 运输 3. 安装 4. 油漆

6.5 园林桌椅

6.5.1 新旧工程量计算规则对比

园林桌椅工程量清单项目及计算规则变化情况,见表6-10。

表6-10 园林桌椅

序号	"13规范"项目名称、编码	"08规范"项目名称、编码	变化情况
1	预制钢筋混凝土飞来椅(编码:050305001)	钢筋混凝土飞来椅(编码:050304002)	不变
2	水磨石飞来椅(编码:050305002)	无	新增
3	竹制飞来椅(编码:050305003)	竹制飞来椅(编码:050304003)	不变
4	现浇混凝土桌凳(编码:050305004)	现浇混凝土桌凳(编码:050304004)	项目特征:变化 计量单位:不变 工程量计算规则:不变 工程内容:变化

续表

序号	"13规范"项目名称、编码	"08规范"项目名称、编码	变化情况
5	预制混凝土桌凳 （编码:050305005）	预制混凝土桌凳 （编码:050304005）	项目特征:不变 计量单位:不变 工程量计算规则:不变 工程内容:变化
6	石桌石凳 （编码:050305006）	石桌石凳 （编码:050304006）	项目特征:不变 计量单位:不变 工程量计算规则:不变 工程内容:变化
7	水磨石桌凳（编码:050305007）	无	新增
8	塑树根桌凳 （编码:050305008）	塑树根桌凳 （编码:050304007）	项目特征:不变 计量单位:不变 工程量计算规则:不变 工程内容:变化
9	塑树节椅 （编码:050305009）	塑树节椅 （编码:050304008）	项目特征:不变 计量单位:不变 工程量计算规则:不变 工程内容:变化
10	塑料、铁艺、金属椅 （编码:050305010）	塑料、铁艺、金属椅 （编码:050304009）	项目特征:不变 计量单位:不变 工程量计算规则:不变 工程内容:变化

6.5.2 "13规范"清单计价工程量计算规则

园林桌椅（编码:050305）工程量清单项目设置及工程量计算规则,见表6-11。

表6-11　园林桌椅（编码:050305）

项目编码	项目名称	项目特征	计量单位	工程量计算规则	工作内容
050305001	预制钢筋混凝土飞来椅	1. 座凳面厚度、宽度 2. 靠背扶手截面 3. 靠背截面 4. 座凳楣子形状、尺寸 5. 混凝土强度等级 6. 砂浆配合比	m	按设计图示尺寸以座凳面中心线长度计算	1. 模板制作、运输、安装、拆除、保养 2. 混凝土制作、运输、浇筑、振捣、养护 3. 构件运输、安装 4. 砂浆制作、运输、抹面、养护 5. 接头灌缝、养护
050305002	水磨石飞来椅	1. 座凳面厚度、宽度 2. 靠背扶手截面 3. 靠背截面 4. 座凳楣子形状、尺寸 5. 砂浆配合比			1. 砂浆制作、运输 2. 制作 3. 运输 4. 安装
050305003	竹制飞来椅	1. 竹材种类 2. 座凳面厚度、宽度 3. 靠背扶手截面 4. 靠背截面 5. 座凳楣子形状 6. 铁件尺寸、厚度 7. 防护材料种类			1. 座凳面、靠背扶手、靠背、楣子制作、安装 2. 铁件安装 3. 刷防护材料

项目编码	项目名称	项目特征	计量单位	工程量计算规则	工作内容
050305004	现浇混凝土桌凳	1. 桌凳形状 2. 基础尺寸、埋设深度 3. 桌面尺寸、支墩高度 4. 凳面尺寸、支墩高度 5. 混凝土强度等级、砂浆配合比			1. 模板制作、运输、安装、拆除、保养 2. 混凝土制作、运输、浇筑、振捣、养护 3. 砂浆制作、运输
050305005	预制混凝土桌凳	1. 桌凳形状 2. 基础形状、尺寸、埋设深度 3. 桌面形状、尺寸、支墩高度 4. 凳面尺寸、支墩高度 5. 混凝土强度等级 6. 砂浆配合比	个	按设计图示数量计算	1. 模板制作、运输、安装、拆除、保养 2. 混凝土制作、运输、浇筑、振捣、养护 3. 构件运输、安装 4. 砂浆制作、运输 5. 接头灌缝、养护
050305006	石桌石凳	1. 石材种类 2. 基础形状、尺寸、埋设深度 3. 桌面形状、尺寸、支墩高度 4. 凳面尺寸、支墩高度 5. 混凝土强度等级 6. 砂浆配合比			1. 土方挖运 2. 桌凳制作 3. 桌凳运输 4. 桌凳安装 5. 砂浆制作、运输
050305007	水磨石桌凳	1. 基础形状、尺寸、埋设深度 2. 桌面形状、尺寸、支墩高度 3. 凳面尺寸、支墩高度 4. 混凝土强度等级 5. 砂浆配合比	个	按设计图示数量计算	1. 桌凳制作 2. 桌凳运输 3. 桌凳安装 4. 砂浆制作、运输
050305008	塑树根桌凳	1. 桌凳直径 2. 桌凳高度 3. 砖石种类			1. 砂浆制作、运输 2. 砖石砌筑 3. 塑树皮 4. 绘制木纹
050305009	塑树节椅	4. 砂浆强度等级、配合比 5. 颜料品种、颜色			
050305010	塑料、铁艺、金属椅	1. 木座板面截面 2. 座椅规格、颜色 3. 混凝土强度等级 4. 防护材料种类			1. 制作 2. 安装 3. 刷防护材料

6.6 喷泉安装

6.6.1 新旧工程量计算规则对比

喷泉安装工程量清单项目及计算规则变化情况,见表6-12。

表6-12　喷泉安装

序号	"13规范"项目名称、编码	"08规范"项目名称、编码	变化情况
1	喷泉管道(编码:050306001)	喷泉管道(编码:050305001)	不变
2	喷泉电缆(编码:050306002)	喷泉电缆(编码:050305002)	不变
3	水下艺术装饰灯具 (编码:050306003)	水下艺术装饰灯具 (编码:050305003)	不变
4	电气控制柜(编码:050306004)	电气控制柜(编码:050305004)	不变
5	喷泉设备(编码:050306005)	无	新增

6.6.2　"13规范"清单计价工程量计算规则

喷泉安装(编码:050306)工程量清单项目设置及工程量计算规则,见表6-13。

表6-13　喷泉安装(编码:050306)

项目编码	项目名称	项目特征	计量单位	工程量计算规则	工作内容
050306001	喷泉管道	1. 管材、管件、阀门、喷头品种 2. 管道固定方式 3. 防护材料种类	m	按设计图示管道中心线长度以"延长米"计算,不扣除检查(阀门)井、阀门、管件及附件所占的长度	1. 土(石)方挖运 2. 管材、管件、阀门、喷头安装 3. 刷防护材料 4. 回填
050306002	喷泉电缆	1. 保护管品种、规格 2. 电缆品种、规格		按设计图示单根电缆长度以"延长米"计算	1. 土(石)方挖运 2. 电缆保护管安装 3. 电缆敷设 4. 回填
050306003	水下艺术装饰灯具	1. 灯具品种、规格 2. 灯光颜色	套	按设计图示数量计算	1. 灯具安装 2. 支架制作、运输、安装
050306004	电气控制柜	1. 规格、型号 2. 安装方式	台		1. 电气控制柜(箱)安装 2. 系统调试
050306005	喷泉设备	1. 设备品种 2. 设备规格、型号 3. 防护网品种、规格			1. 设备安装 2. 系统调试 3. 防护网安装

6.7　杂　项

6.7.1　新旧工程量计算规则对比

杂项工程量清单项目及计算规则变化情况,见表6-14。

表 6-14 杂项

序号	"13 规范"项目名称、编码	"08 规范"项目名称、编码	变化情况
1	石灯(编码:050307001)	石灯(编码:050306001)	项目特征:变化 计量单位:不变 工程量计算规则:不变 工程内容:变化
2	石球(编码:050307002)	无	新增
3	塑仿石音箱(编码:050307003)	塑仿石音箱(编码:050306002)	项目特征:不变 计量单位:不变 工程量计算规则:不变 工程内容:变化
4	塑树皮梁、柱(编码:050307004)	塑树皮梁、柱(编码:050306003)	项目特征:不变 计量单位:不变 工程量计算规则:变化 工程内容:不变
5	塑竹梁、柱(编码:050307005)	塑竹梁、柱(编码:050306004)	项目特征:不变 计量单位:不变 工程量计算规则:变化 工程内容:不变
6	铁艺栏杆(编码:050307006)	花坛铁艺栏杆(编码:050306005)	不变
7	塑料栏杆(编码:050307007)		
8	钢筋混凝土艺术围栏 (编码:050307008)	无	新增
9	标志牌(编码:050307009)	标志牌(编码:050306006)	不变
10	景墙(编码:050307010)	无	新增
11	景窗(编码:050307011)	无	新增
12	花饰(编码:050307012)	无	新增
13	博古架(编码:050307013)	无	新增
14	花盆(坛、箱)(编码:050307014)	无	新增
15	摆花(编码:050307015)	无	新增
16	花池(编码:050307016)	无	新增
17	垃圾箱(编码:050307017)	无	新增
18	砖石砌小摆设 (编码:050307018)	砖石砌小摆设 (编码:050306009)	项目特征:不变 计量单位:不变 工程量计算规则:变化 工程内容:不变
19	其他景观小摆设 (编码:050307019)	无	新增
20	柔性水池(编码:050307020)	无	新增

6.7.2 "13 规范"清单计价工程量计算规则

　　杂项(编码:050307)工程量清单项目设置及工程量计算规则,见表 6-15。

表 6-15　杂项(编码:050307)

项目编码	项目名称	项目特征	计量单位	工程量计算规则	工作内容
050307001	石灯	1.石料种类 2.石灯最大截面 3.石灯高度 4.砂浆配合比	个	按设计图示数量计算	1.制作 2.安装
050307002	石球	1.石料种类 2.球体直径 3.砂浆配合比			
050307003	塑仿石音箱	1.音箱石内空尺寸 2.铁丝型号 3.砂浆配合比 4.水泥漆颜色			1.胎模制作、安装 2.铁丝网制作、安装 3.砂浆制作、运输 4.喷水泥漆 5.埋置仿石音箱
050307004	塑树皮梁、柱	1.塑树种类 2.塑竹种类 3.砂浆配合比 4.喷字规格、颜色 5.油漆品种、颜色	1.m² 2.m	1.以"m²"计量,按设计图示尺寸以梁柱外表面积计算 2.以"m"计量,按设计图示尺寸以构件长度计算	1.灰塑 2.刷涂颜料
050307005	塑竹梁、柱				
050307006	铁艺栏杆	1.铁艺栏杆高度 2.铁艺栏杆单位长度重量 3.防护材料种类	m	按设计图示尺寸以长度计算	1.铁艺栏杆安装 2.刷防护材料
050307007	塑料栏杆	1.栏杆高度 2.塑料种类			1.下料 2.安装 3.校正
050307008	钢筋混凝土艺术围栏	1.围栏高度 2.混凝土强度等级 3.表面涂敷材料种类	1.m² 2.m	1.以"m²"计量,按设计图示尺寸以面积计算 2.以"m"计量,按设计图示尺寸以"延长米"计算	1.制作 2.运输 3.安装 4.砂浆制作、运输 5.接头灌缝、养护
050307009	标志牌	1.材料种类、规格 2.镌字规格、种类 3.喷字规格、颜色 4.油漆品种、颜色	个	按设计图示数量计算	1.选料 2.标志牌制作 3.雕凿 4.镌字、喷字 5.运输、安装 6.刷油漆

项目编码	项目名称	项目特征	计量单位	工程量计算规则	工作内容
050307010	景墙	1. 土质类别 2. 垫层材料种类 3. 基础材料种类、规格 4. 墙体材料种类、规格 5. 墙体厚度 6. 混凝土、砂浆强度等级、配合比 7. 饰面材料种类	1. m³ 2. 段	1. 以"m³"计量,按设计图示尺寸以体积计算 2. 以"段"计量,按设计图示尺寸以数量计算	1. 土(石)方挖运 2. 垫层、基础铺设 3. 墙体砌筑 4. 面层铺贴
050307011	景窗	1. 景窗材料品种、规格 2. 混凝土强度等级 3. 砂浆强度等级、配合比 4. 涂刷材料品种	m²	按设计图示尺寸以面积计算	1. 制作 2. 运输 3. 砌筑安放 4. 勾缝 5. 表面涂刷
050307012	花饰	1. 花饰材料品种、规格 2. 砂浆配合比 3. 涂刷材料品种			
050307013	博古架	1. 博古架材料品种、规格 2. 混凝土强度等级 3. 砂浆配合比 4. 涂刷材料品种	1. m² 2. m 3. 个	1. 以"m²"计量,按设计图示尺寸以面积计算 2. 以"m"计量,按设计图示尺寸以"延长米"计算 3. 以"个"计量,按设计图示数量计算	1. 制作 2. 运输 3. 砌筑安放 4. 勾缝 5. 表面涂刷
050307014	花盆(坛、箱)	1. 花盆(坛)的材质及类型 2. 规格尺寸 3. 混凝土强度等级 4. 砂浆配合比	个	按设计图示尺寸以数量计算	1. 制作 2. 运输 3. 安放
050307015	摆花	1. 花盆(钵)的材质及类型 2. 花卉品种与规格	1. m² 2. 个	1. 以"m²"计量,按设计图示尺寸以水平投影面积计算 2. 以"个"计量,按设计图示数量计算	1. 搬运 2. 安放 3. 养护 4. 撤收
050307016	花池	1. 土质类别 2. 池壁材料种类、规格 3. 混凝土、砂浆强度等级、配合比 4. 饰面材料种类	1. m³ 2. m 3. 个	1. 以"m³"计量,按设计图示尺寸以体积计算 2. 以"m"计量,按设计图示尺寸以池壁中心线处"延长米"计算 3. 以"个"计量,按设计图示数量计算	1. 垫层铺设 2. 基础砌(浇)筑 3. 墙体砌(浇)筑 4. 面层铺贴
050307017	垃圾箱	1. 垃圾箱材质 2. 规格尺寸 3. 混凝土强度等级 4. 砂浆配合比	个	按设计图示尺寸以数量计算	1. 制作 2. 运输 3. 安放

续表

项目编码	项目名称	项目特征	计量单位	工程量计算规则	工作内容
050307018	砖石砌小摆设	1. 砖种类、规格 2. 石种类、规格 3. 砂浆强度等级、配合比 4. 石表面加工要求 5. 勾缝要求	1. m³ 2. 个	1. 以"m³"计量,按设计图示尺寸以体积计算 2. 以"个"计量,按设计图示尺寸以数量计算	1. 砂浆制作、运输 2. 砌砖、石 3. 抹面、养护 4. 勾缝 5. 石表面加工
050307019	其他景观小摆设	1. 名称及材质 2. 规格尺寸	个	按设计图示尺寸以数量计算	1. 制作 2. 运输 3. 安装
050307020	柔性水池	1. 水池深度 2. 防水(漏)材料品种	m²	按设计图示尺寸以水平投影面积计算	1. 清理基层 2. 材料裁接 3. 铺设

第7章 措施项目

7.1 脚手架工程

7.1.1 新旧工程量计算规则对比

脚手架工程工程量清单项目及计算规则变化情况,见表7-1。

表7-1 脚手架工程

序号	"13规范"项目名称、编码	"08规范"项目名称、编码	变化情况
脚手架工程			
1	砌筑脚手架 (编码:050401001)	无	新增
2	抹灰脚手架 (编码:050401002)	无	新增
3	亭脚手架 (编码:050401003)	无	新增
4	满堂脚手架 (编码:050401004)	无	新增
5	堆砌(塑)假山脚手架 (编码:050401005)	无	新增
6	桥身脚手架 (编码:050401006)	无	新增
7	斜道 (编码:050401007)	无	新增

7.1.2 "13规范"清单计价工程量计算规则

脚手架工程(编码:050401)工程量清单项目设置及工程量计算规则,见表7-2。

表 7-2　脚手架工程 (编码:050401)

项目编码	项目名称	项目特征	计量单位	工程量计算规则	工作内容
050401001	砌筑脚手架	1. 搭设方式 2. 墙体高度	m²	按墙的长度乘墙的高度以面积计算 (硬山建筑山墙高算至山尖)。独立砖石柱高度在 3.6m 以内时,以柱结构周长乘以柱高计算,独立砖石柱高度在 3.6m 以上时,以柱结构周长加 3.6m 乘以柱高计算 凡砌筑高度在 1.5m 及以上的砌体,应计算脚手架	1. 场内、场外材料搬运 2. 搭、拆脚手架、斜道、上料平台 3. 铺设安全网 4. 拆除脚手架后材料分类堆放
050401002	抹灰脚手架	1. 搭设方式 2. 墙体高度		按抹灰墙面的长度乘高度以面积计算 (硬山建筑山墙高算至山尖)。独立砖石柱高度在 3.6m 以内时,以柱结构周长乘以柱高计算,独立砖石柱高度在 3.6m 以上时,以柱结构周长加 3.6m 乘以柱高计算	
050401003	亭脚手架	1. 搭设方式 2. 檐口高度	1. 座 2. m²	1. 以"座"计量,按设计图示数量计算 2. 以"m²"计量,按建筑面积计算	
050401004	满堂脚手架	1. 搭设方式 2. 施工面高度	m²	按搭设的地面主墙间尺寸以面积计算	
050401005	堆砌 (塑) 假山脚手架	1. 搭设方式 2. 假山高度		按外围水平投影最大矩形面积计算	
050401006	桥身脚手架	1. 搭设方式 2. 桥身高度		按桥基础底面至桥面平均高度乘以河道两侧宽度以面积计算	
050401007	斜道	斜道高度	座	按搭设数量计算	

7.2　模板工程

7.2.1　新旧工程量计算规则对比

模板工程工程量清单项目及计算规则变化情况,见表 7-3。

表 7-3　模板工程

序号	"13 规范"项目名称、编码	"08 规范"项目名称、编码	变化情况
1	现浇混凝土垫层 (编码:050402001)	无	新增
2	现浇混凝土路面 (编码:050402002)	无	新增
3	现浇混凝土路牙、树池围牙 (编码:050402003)	无	新增
4	现浇混凝土花架柱 (编码:050402004)	无	新增
5	现浇混凝土花架梁 (编码:050402005)	无	新增

序号	"13规范"项目名称、编码	"08规范"项目名称、编码	变化情况
6	现浇混凝土花池 （编码:050402006）	无	新增
7	现浇混凝土桌凳 （编码:050402007）	无	新增
8	石桥拱石、石脸胎架 （编码:050402008）	无	新增

7.2.2 "13规范"清单计价工程量计算规则

模版工程（编码:050402）工程量清单项目设置及工程量计算规则,见表7-4。

表7-4 模版工程（编码:050402）

项目编码	项目名称	项目特征	计量单位	工程量计算规则	工作内容
050402001	现浇混凝土垫层	厚度	m²	按混凝土与模板的接触面积计算	1. 制作 2. 安装 3. 拆除 4. 清理 5. 刷隔离剂 6. 材料运输
050402002	现浇混凝土路面				
050402003	现浇混凝土路牙、树池围牙	高度			
050402004	现浇混凝土花架柱	断面尺寸			
050402005	现浇混凝土花架梁	1. 断面尺寸 2. 梁底高度			
050402006	现浇混凝土花池	池壁断面尺寸			
050402007	现浇混凝土桌凳	1. 桌凳形状 2. 基础尺寸、埋设深度 3. 桌面尺寸、支墩高度 4. 凳面尺寸、支墩高度	1. m³ 2. 个	1. 以"m³"计量,按设计图示混凝土体积计算 2. 以"个"计量,按设计图示数量计算	
050402008	石桥拱券石、石券脸胎架	1. 胎架面高度 2. 矢高、弦长	m²	按拱券石、石券脸弧形底面展开尺寸以面积计算	

7.3 树木支撑架、草绳绕树干、搭设遮阴（防寒）棚工程

7.3.1 新旧工程量计算规则对比

树木支撑架、草绳绕树干、搭设遮阴（防寒）棚工程工程量清单项目及计算规则变化情况,见表7-5。

表 7-5 树木支撑架、草绳绕树干、搭设遮阴（防寒）棚工程

序号	"13 规范"项目名称、编码	"08 规范"项目名称、编码	变化情况
1	树木支撑架 （编码：050403001）	无	新增
2	草绳绕树干 （编码：050403002）	无	新增
3	搭设遮阴（防寒）棚 （编码：050403003）	无	新增

7.3.2 "13 规范"清单计价工程量计算规则

树木支撑架、草绳绕树干、搭设遮阴（防寒）棚工程（编码：050403）工程量清单项目设置及工程量计算规则，见表 7-6。

表 7-6 树木支撑架、草绳绕树干、搭设遮阴（防寒）棚工程（编码：050403）

项目编码	项目名称	项目特征	计量单位	工程量计算规则	工作内容
050403001	树木支撑架	1. 支撑类型、材质 2. 支撑材料规格 3. 单株支撑材料数量	株	按设计图示数量计算	1. 制作 2. 运输 3. 安装 4. 维护
050403002	草绳绕树干	1. 胸径（干径） 2. 草绳所绕树干高度			1. 搬运 2. 绕杆 3. 余料清理 4. 养护期后清除
050403003	搭设遮阴（防寒）棚	1. 搭设高度 2. 搭设材料种类、规格	1. m² 2. 株	1. 以"m²"计量，按遮阴（防寒）棚外围覆盖层的展开尺寸以面积计算 2. 以"株"计量，按设计图示数量计算	1. 制作 2. 运输 3. 搭设、维护 4. 养护期后清除

7.4 围堰、排水工程

7.4.1 新旧工程量计算规则对比

围堰、排水工程工程量清单项目及计算规则变化情况，见表 7-7。

表 7-7 围堰、排水工程

序号	"13 规范"项目名称、编码	"08 规范"项目名称、编码	变化情况
1	围堰 （编码：050404001）	无	新增
2	排水 （编码：050404002）	无	新增

7.4.2 "13 规范"清单计价工程量计算规则

围堰、排水工程（编码：050404）工程量清单项目设置及工程量计算规则，见表 7-8。

表 7-8　围堰、排水工程（编码：050404）

项目编码	项目名称	项目特征	计量单位	工程量计算规则	工作内容
050404001	围堰	1. 围堰断面尺寸 2. 围堰长度 3. 围堰材料及灌装袋材料品种、规格	1. m³ 2. m	1. 以"m³"计量，按围堰断面面积乘以堤顶中心线长度以体积计算 2. 以"m"计量，按围堰堤顶中心线长度以延长米计算	1. 取土、装土 2. 堆筑围堰 3. 拆除、清理围堰 4. 材料运输
050404002	排水	1. 种类及管径 2. 数量 3. 排水长度	1. m³ 2. 天 3. 台班	1. 以"m³"计量，按需要排水量以体积计算，围堰排水按堰内水面面积乘以平均水深计算 2. 以"天"计量，按需要排水日历天计算 3. 以"台班"计量，按水泵排水工作台班计算	1. 安装 2. 使用、维护 3. 拆除水泵 4. 清理

7.5　安全文明施工及其他措施项目

7.5.1　新旧工程量计算规则对比

安全文明施工及其他措施项目工程量清单项目及计算规则变化情况，见表 7-9。

表 7-9　安全文明施工及其他措施项目

序号	"13 规范"项目名称、编码	"08 规范"项目名称、编码	变化情况
1	安全文明施工（编码：050405001）	无	新增
2	夜间施工（编码：050405002）	无	新增
3	非夜间照明施工（编码：050405003）	无	新增
4	二次搬运（编码：050405004）	无	新增
5	冬雨季施工（编码：050405005）	无	新增
6	反季节栽植影响措施（编码：050405006）	无	新增
7	地上、地下设施临时保护措施（编码：050405007）	无	新增
8	已完工程及设备保护（编码：050405008）	无	新增

7.5.2　"13 规范"清单计价工程量计算规则

安全文明施工及其他措施项目（编码：050405）工程量清单项目设置及工程量计算规则，见表 7-10。

表 7-10　安全文明施工及其他措施项目(编码:050405)

项目编码	项目名称	工作内容及包含范围
050405001	安全文明施工	1.环境保护:现场施工机械设备降低噪声、防扰民措施;水泥、种植土和其他易飞扬细颗粒建筑材料密闭存放或采取覆盖措施等;工程防扬尘洒水;土石方、杂草、种植遗弃物及建渣外运车辆防护措施等;现场污染源的控制、生活垃圾清理外运、场地排水排污措施;其他环境保护措施 2.文明施工:"五牌一图";现场围挡的墙面美化(包括内外粉刷、刷白、标语等)、压顶装饰;现场厕所便槽刷白、贴面砖,水泥砂浆地面或地砖,建筑物内临时便溺设施;其他施工现场临时设施的装饰装修、美化措施;现场生活卫生设施;符合卫生要求的饮水设备、淋浴、消毒等设施;生活用洁净燃料;防煤气中毒、防蚊虫叮咬等措施;施工现场操作场地的硬化;现场绿化、治安综合治理;现场配备医药保健器材、物品和急救人员培训;用于现场工人的防暑降温、电风扇、空调等设备及用电;其他文明施工措施 3.安全施工:安全资料、特殊作业专项方案的编制,安全施工标志的购置及安全宣传;"三宝"(安全帽、安全带、安全网)、"四口"(楼梯口、管井口、通道口、预留洞口)、"五临边"(园桥围边、驳岸围边、跌水围边、槽坑围边、卸料平台两侧),水平防护架、垂直防护架、外架封闭等防护;施工安全用电,包括配电箱三级配电、两级保护装置要求、外电防护措施;起重设备(含起重机、井架、门架)的安全防护措施(含警示标志)及卸料平台的临边防护、层间安全门、防护棚等设施;园林工地起重机械的检验检测;施工机具防护棚及其围栏的安全保护设施;施工安全防护通道;工人的安全防护用品、用具购置;消防设施与消防器材的配置;电气保护、安全照明设施;其他安全防护措施 4.临时设施:施工现场采用彩色、定型钢板,砖、混凝土砌块等围挡的安砌、维修、拆除;施工现场临时建筑物、构筑物的搭设、维修、拆除,如临时宿舍、办公室、食堂、厨房、厕所、诊疗所、临时文化福利用房、临时仓库、加工场、搅拌台、临时简易水塔、水池等;施工现场临时设施的搭设、维修、拆除,如临时供水管道、临时供电管线、小型临时设施等;施工现场规定范围内临时简易道路铺设,临时排水沟、排水设施安砌、维修、拆除;其他临时设施搭设、维修、拆除
050405002	夜间施工	1.夜间固定照明灯具和临时可移动照明灯具的设置、拆除 2.夜间施工时施工现场交通标志、安全标牌、警示灯等的设置、移动、拆除 3.夜间照明设备及照明用电、施工人员夜班补助、夜间施工劳动效率降低等
050405003	非夜间施工照明	为保证工程施工正常进行,在如假山石洞等特殊施工部位施工时所采用的照明设备的安拆、维护及照明用电等
050405004	二次搬运	由于施工场地条件限制而发生的材料、植物、成品、半成品等一次运输不能到达堆放地点,必须进行的二次或多次搬运
050405005	冬雨季施工	1.冬雨(风)季施工时增加的临时设施(防寒保温、防雨、防风设施)的搭设、拆除 2.冬雨(风)季施工时对植物、砌体、混凝土等采用的特殊加温、保温和养护措施 3.冬雨(风)季施工时施工现场的防滑处理,对影响施工的雨雪的清除 4.冬雨(风)季施工时增加的临时设施、施工人员的劳动保护用品、冬雨(风)季施工劳动效率降低等

项目编码	项目名称	工作内容及包含范围
050405006	反季节栽植影响措施	因反季节栽植在增加材料、人工、防护、养护、管理等方面采取的种植措施及保证成活率措施
050405007	地上、地下设施的临时保护设施	在工程施工过程中,对已建成的地上、地下设施和植物进行的遮盖、封闭、隔离等必要保护措施
050405008	已完工程及设备保护	对已完工程及设备采取的覆盖、包裹、封闭、隔离等必要的保护措施

第8章 某园林工程工程量计价实例

8.1 项目概况

住宅小区位于北京市海淀区××路,户型有板式多层和连排别墅为主,分为1、2、3 三个区域,3 区为连排别墅,整个小区周边环境良好,空气清新,建筑密度小,绿化率高。

8.2 设计依据

中华人民共和国建设部《城市绿化规划建设指标的规定》。国家现行的相关设计规范、规定。甲方领导的指导意见。

8.3 场地现状

现有园林景观预留场地面积较大,绿化率高,总占地面积 82114.11m²,总绿地面积 34630.80m²,其中别墅区绿地面积 12521.40m²,小区内地形平坦,需清除场内的垃圾后重新回填新土,并保持在控制线以下。种植苗木前平整地形时保持中间略高,两边稍低,有利于防旱排涝。

8.4 设计指导思想

1. 以现代园林艺术构成理论指导园林景观设计,通过小品、雕塑、植物造景等景观设计,积极改善小区的景观环境,使其与道路,建筑物相互协调,创造优美的环境景观。

2. 贯彻"以人为本、人与自然共存"的思想,以景观生态学理论为指导,吸收国外环境景观设计的先进理念,充分发挥绿地对环境的改善作用,形成小区形成完整的绿化环境体系。

3. 布局上,疏密适当,使建筑群体与环境之间最大限度地互助共存,形成统一的有机体,使自然美为园区内的人文美服务。

4. 为达到更好的景观效果,本设计方案力求通过独具匠心的艺术构思,精益求精的设计理念,科学合理的景观搭配,把传统造园艺术手法与现代园林手法相结合,营造出与建筑环境相得益彰的园林景观。

8.5　设计原则

8.5.1　生态原则

这是设计的首要原则,随着进步,对于绿地的功能已经众所周知了,对于生态的理解,也在一步步地加深起来。生态是物种与物种之间的协调关系,是景观的灵魂。它要求植物的多层次配置,乔灌花、乔灌草的结合,分隔竖向的空间,创造植物群落的整体美。因此,设计采用乡土树种为主的多物种生态原则,尽可能多地布置多种的植物复层群落,从而达到最佳的滞尘、降温、增加湿度、净化空气、吸收噪声、美化环境的作用。

8.5.2　功能性原则

景观的功能性是不可缺少的,居住区的景观设计,主要是满足小居民休闲、娱乐的需要。设计中尽量做到景观与功能相结合、相统一,既要考虑景观小品的实用功能,以要满足居民休息、遮阴的需要;同时这些小品本身又是很好的景观。

8.5.3　美学原则

景观设计遵循着绘画艺术和造园艺术的基本原则,即统一、调和、均衡和韵律四大原则。根据不同的欣赏角度,摆布好形体的组合、层次的排比,达到多方景胜的效果。

8.5.4　个性化原则

环境景观的个性化设计不仅要体现在整个小区的风格上,还要体现在各个组团之中。随着人们对环境意识的逐渐加强,个性化的设计也逐渐为人们所推崇,大同小异、千篇一律的设计已无立足之地。在小区的景观设计中,一方面总体上要有统一的风格;另一方面,由于整个小区的建筑风格基本上是一致的,所以更要在各组团的景观处理上体现特色,以增加空间的可识别性,使其符合人性化的设计理念。

8.6　设计构思

本设计以音乐为主旋律,取材于音乐发展的历史、文化,力求通过景点序列的组合,使人们走进这里就能拥抱音乐,拥抱自然、拥抱文化,也能拥抱高雅、怡静、舒适的生活。其美丽的自然风光更是独特而神奇的魅力,这里是热爱美好生活的人们追求高雅艺术的胜地。

8.7　计算依据

采用《建筑工程建筑面积计算规范》(GB/T 50353—2005)、《园林绿化工程工程量计算规范》(GB 50858—2013)及全国统一建筑工程定额等。

表 8-1　分部分项工程量清单(1)

工程名称:××花园景观工程×天台景观园建(7~11栋)

序号	清单编号	项目名称	项目特征	单位	工程数量	备注
一	三层天台地面铺装					
1	011102001	20厚台湾红火烧面花岗岩($S=500 \times 500$)	1. 垫层材料种类、厚度:250厚炉渣 2. 找平层、结合层厚度:砂浆配合比:20厚水泥砂浆(中砂)1:2 3. 面层材料品种、规格、品牌、颜色:500×500×20厚台湾红火烧面花岗岩 4. 嵌缝材料种类:按常规 5. 防护层材料种类:按常规 6. 清洗要求:按常规	m²	40.56	
2	011103001	600×600墨绿色与黄锈石橡胶垫	1. 垫层材料种类、厚度:250厚炉渣 2. 找平层、结合层厚度:砂浆配合比:20厚水泥砂浆(中砂)1:2;胶水 3. 面层材料品种、规格、品牌、颜色:600×600墨绿色与黄锈石橡胶垫	m²	98.71	
3	011104002	30厚120宽巴劳木木板	1. 龙骨材料种类、规格、铺设间距:30厚120宽巴劳木木板,间逢5;60×60巴劳木龙骨间距600 2. 基层材料种类、规格:100厚C15素混凝土;110厚炉渣 3. 面层材料品种、规格、品牌、颜色:30厚120宽巴劳木木板 4. 固定材料种类:按常规 5. 油漆品种、刷漆遍数:按常规	m²	85.05	
4	050201001	$\phi40\sim60$黄色抛光卵石(平铺)	1. 垫层材料种类、厚度:250厚炉渣 2. 找平层、结合层厚度、砂浆配合比:20厚水泥砂浆(中砂)1:2 3. 面层材料品种、规格、品牌、颜色:$\phi40\sim60$黄色抛光卵石(平铺) 4. 嵌缝材料种类:按常规 5. 防护层材料种类:按常规 6. 清洗要求:按常规	m²	6.98	
5	050201001	$\phi50\sim60$黄色抛光卵石(平铺)	1. 垫层材料种类、厚度:250厚炉渣 2. 找平层、结合层厚度、砂浆配合比:20厚水泥砂浆(中砂)1:2 3. 面层材料品种、规格、品牌、颜色:$\phi50\sim60$黄色抛光卵石(平铺) 4. 嵌缝材料处类:按常规 5. 防护层材料种类:按常规 6. 清洗要求:按常规	m²	82.73	
6	020102001	20厚深灰麻花岗岩($S=300\times300$)	1. 垫层材料种类、厚度:250厚炉渣 2. 找平层、结合层厚度、砂浆配合比:20厚水泥砂浆(中砂)1:2 3. 面层材料品种、规格、品牌、颜色:300×300×20厚深灰麻花岗岩 4. 嵌缝材料种类:按常规 5. 防护层材料种类:按常规 6. 清洗要求:按常规	m²	17.13	

序号	清单编号	项目名称	项目特征	单位	工程数量	备注
7	011102001	20 厚台湾红火烧面花岗岩（$S = 200 \times 200$）	1. 垫层材料种类、厚度:250 厚炉渣 2. 找平层、结合层厚度、砂浆配合比:20 厚水泥砂浆(中砂)1:2 3. 面层材料品种、规格、品牌、颜色:200×200×20 厚台湾红火烧面花岗岩 4. 嵌缝材料种类:按常规 5. 防护层材料种类:按常规 6. 清洗要求:按常规	m²	11.78	
8	011102001	20 厚深灰麻荔枝面花岗岩（$S = 200 \times 200$）	1. 垫层材料种类、厚度:250 厚炉渣 2. 找平层、结合层厚度、砂浆配合比:20 厚水泥砂浆(中砂)1:2 3. 面层材料品种、规格、品牌、颜色:200×200×20 厚深灰麻荔枝面花岗岩 4. 嵌缝材料种类:按常规 5. 防护层材料种类:按常规 6. 清洗要求:按常规	m²	54.73	
9	011102003	暗红色仿古砖（$S = 400 \times 400$）	1. 垫层材料种类、厚度:250 厚炉渣 2. 找平层、结合层厚度、砂浆配合比:20 厚水泥砂浆(中砂)1:2 3. 面层材料品种、规格、品牌、颜色:400×400 暗红色仿古砖 4. 嵌缝材料种类:按常规 5. 防护层材料种类:按常规 6. 清洗要求:按常规	m²	276.28	
10	011102001	20 厚台湾红荔枝面花岗岩（台湾红）（$S = 300 \times 300$）	1. 垫层材料种类、厚度:250 厚炉渣 2. 找平层、结合层厚度、砂浆配合比:20 厚水泥砂浆(中砂)1:2 3. 面层材料品种、规格、品牌、颜色:300×300×20 厚台湾红荔枝面花岗岩(台湾红) 4. 嵌缝材料种类:按常规 5. 防护层材料种类:按常规 6. 清洗要求:按常规	m²	11.01	
11	011102001	20 厚五边形以上不规则荔枝面黄锈石无缝密拼,每块面积约为 0.16～0.25m²	1. 垫层材料种类、厚度:250 厚炉渣 2. 找平层、结合层厚度、砂浆配合比:20 厚水泥砂浆(中砂)1:2 3. 面层材料品种、规格、品牌、颜色:20 厚五边形以上不规则荔枝面黄锈石无缝密拼,每块面积约为 0.16～0.25m² 4. 嵌缝材料种类:按常规 5. 防护层材料种类:按常规 6. 清洗要求:按常规	m²	40.35	
12	011102001	20 厚蒙鼎黑荔枝面花岗石（$S = 100 \times 300$）	1. 垫层材料种类、厚度:250 厚炉渣 2. 找平层、结合层厚度、砂浆配合比:20 厚水泥砂浆(中砂)1:2 3. 面层材料品种、规格、品牌、颜色:100×300×20 厚蒙鼎黑荔枝面花岗石 4. 嵌缝材料种类:按常规 5. 防护层材料种类:按常规 6. 清洗要求:按常规	m²	3.56	

序号	清单编号	项目名称	项目特征	单位	工程数量	备注
13	011102001	20 厚深灰麻荔枝面花岗岩($S = 500 \times 500$)	1. 垫层材料种类、厚度:20 厚炉渣 2. 找平层、结合层厚度、砂浆配合比:20 厚水泥砂浆(中砂)1:2 3. 面层材料品种、规格、品牌、颜色:500×500×20 厚深灰麻荔枝面花岗岩 4. 嵌缝材料种类:按常规 5. 防护层材料种类:按常规 6. 清洗要求:按常规	m²	4.80	
14	011102001	20 厚不规则方型荔枝面黄锈石(200×200/200×400/400×4000)	1. 垫层材料种类、厚度:250 厚炉渣 2. 找平层、结合层厚度、砂浆配合比:20 厚水泥砂浆(中砂)1:2 3. 面层材料品种、规格、品牌、颜色:20 厚不规则方型荔枝面黄锈石(200×200/200×400/400×400) 4. 嵌缝材料种类:按常规 5. 防护层材料种类:按常规 6. 清洗要求:按常规	m²	15.66	
15	011102001	20 厚深灰麻花岗岩($S = 200 \times 200$)	1. 垫层材料种类、厚度:250 厚炉渣 2. 找平层、结合层厚度、砂浆配合比:20 厚水泥砂浆(中砂)1:2 3. 面层材料品种、规格、品牌、颜色:200×200×20 厚深灰麻花岗岩 4. 嵌缝材料种类:按常规 5. 防护层材料种类:按常规 6. 清洗要求:按常规	m²	52.10	
16	011102003	60 厚浅灰大连砖($S = 200 \times 100$)	1. 垫层材料种类、厚度:250 厚炉渣 2. 找平层、结合层厚度、砂浆配合比:20 厚水泥砂浆(中砂)1:2 3. 面层材料品种、规格、品牌、颜色:200×100×60 厚浅灰大连砖 4. 嵌缝材料种类:按常规 5. 防护层材料种类:按常规 6. 清洗要求:按常规	m²	256.20	
17	011102001	20 厚黄锈石光面与火烧面间拼($S = 600 \times 600$)	1. 垫层材料种类、厚度:250 厚炉渣 2. 找平层、结合层厚度、砂浆配合比:20 厚水泥砂浆(中砂)1:2 3. 面层材料品种、规格、品牌、颜色:600×600×20 厚黄锈石光面与火烧面间拼 4. 嵌缝材料种类:按常规 5. 防护层材料种类:按常规 6. 清洗要求:按常规	m²	21.10	
18	011102001	20 厚深台湾红火烧面花岗岩($S = 300 \times 300$)	1. 垫层材料种类、厚度:250 厚炉渣 2. 找平层、结合层厚度、砂浆配合比:20 厚水泥砂浆(中砂)1:2 3. 面层材料品种、规格、品牌、颜色:300×300×20 厚台湾红火烧面花岗岩 4. 嵌缝材料种类:按常规 5. 防护层材料种类:按常规 6. 清洗要求:按常规	m²	42.45	

序号	清单编号	项目名称	项目特征	单位	工程数量	备注
19	011102001	20 厚台湾红荔枝面花岗岩台湾红（S = 200×200）	1. 垫层材料种类、厚度:250 厚炉渣 2. 找平层、结合层厚度、砂浆配合比:20 厚水泥砂浆(中砂)1:2 3. 面层材料品种、规格、品牌、颜色:200×200×20 厚台湾红荔枝面花岗岩台湾红 4. 嵌缝材料种类:按常规 5. 防护层材料种类:按常规 6. 清洗要求:按常规	m²	8.69	
20	011102001	20 厚台湾红火烧面花岗岩（S = 300×300）	1. 垫层材料种类、厚度:250 厚炉渣 2. 找平层、结合层厚度、砂浆配合比:20 厚水泥砂浆(中砂)1:2 3. 面层材料品种、规格、品牌、颜色:500×500×20 厚台湾红火烧面花岗岩 4. 嵌缝材料种类:按常规 5. 防护层材料种类:按常规 6. 清洗要求:按常规	m²	146.76	
21	011104002	20 厚 120 宽巴劳木板	1. 龙骨材料种类、规格、铺设间距:30 厚 120 宽巴劳木木板,间逢 5;600×60 巴劳木龙骨间距 600 2. 基层材料种类、规格:100 厚 C15 素混凝土;110 厚炉渣 3. 面层材料品种、规格、品牌、颜色:30 厚 120 宽巴劳木板 4. 固定材料种类:按常规 5. 油漆品种、刷漆遍数:按常规	m²	99.20	
22	011102001	20 厚深灰麻荔枝面花岗岩（S = 300×300）	1. 垫层材料种类、厚度:250 厚炉渣 2. 找平层、结合层厚度、砂浆配合比:20 厚水泥砂浆(中砂)1:2 3. 面层材料品种、规格、品牌、颜色:300×300×20 厚深灰麻荔枝面花岗岩 4. 嵌缝材料种类:按常规 5. 防护层材料种类:按常规 6. 清洗要求:按常规	m²	13.40	
23	050201001	$\phi40 \sim 60$ 黄色抛光卵石散置	1. 垫层材料种类、厚度:250 厚炉渣 2. 找平层、结合层厚度、砂浆配合比:20 厚水泥砂浆(中砂)1:2 3. 面层材料品种、规格、品牌、颜色:$\phi40 \sim 60$ 黄色抛光卵石散置 4. 嵌缝材料种类:按常规 5. 防护层材料种类:按常规 6. 清洗要求:按常规	m²	28.22	
24	011104002	30 厚 120 宽巴劳木板	1. 垫层材料种类、厚度:250 厚炉渣 2. 找平层、结合层厚度、砂浆配合比:20 厚水泥砂浆(中砂)1:2 3. 面层材料品种、规格、品牌、颜色:300×300×20 厚深灰麻荔枝面花岗岩 4. 嵌缝材料种类:按常规 5. 防护层材料种类:按常规 6. 清洗要求:按常规	m²	77.94	

续表

序号	清单编号	项目名称	项目特征	单位	工程数量	备注
25	011102001	20 厚黄锈石光面与火烧面间拼（$S = 500 \times 500$）	1. 垫层材料种类、厚度:250 厚炉渣 2. 找平层、结合层厚度、砂浆配合比:20 厚水泥砂浆(中砂)1:2 3. 面层材料品种、规格、品牌、颜色:500×500×20 厚黄锈石光面与火烧面间拼 4. 嵌缝材料种类:按常规 5. 防护层材料种类:按常规 6. 清洗要求:按常规	m²	224.65	
26	011104002	20 厚 120 宽巴劳木板	1. 龙骨材料种类、规格、铺设间距:30 厚 120 宽巴劳木木板,间缝 5;60×60 巴劳木龙骨间距 600 2. 基层材料种类、规格:100 厚 C15 素混凝土;110 厚炉渣 3. 面层材料品种、规格、品牌、颜色:300 厚 120 宽巴劳木板 4. 固定材料种类:按常规 5. 油漆品种、刷漆遍数:按常规	m²	124.34	
27	011102001	20 厚深灰麻花岗岩（$S = 500 \times 500$）	1. 垫层材料种类、厚度:250 厚炉渣 2. 找平层、结合层厚度、砂浆配合比:20 厚水泥砂浆(中砂)1:2 3. 面层材料品种、规格、品牌、颜色:500×500×20 厚深灰麻花岗岩 4. 嵌缝材料种类:按常规 5. 防护层材料种类:按常规 6. 清洗要求:按常规	m²	19.83	
28	011104002	30 厚 120 宽巴劳木板	1. 龙骨材料种类、规格、铺设间距:30 厚 120 宽巴劳木板,间逢 5;00×60 巴劳木龙骨间距 600 2. 基层材料种类、规格:100 厚 C15 素混凝土;110 厚炉渣 3. 面层材料品种、规格、品牌、颜色:300 厚 120 宽巴劳木板 4. 固定材料种类:按常规 5. 油漆品种、刷漆遍数:按常规	m²	63.60	
29	011103001	儿童乐园软质胶垫（$S = 300 \times 300$）	1. 垫层材料种类、厚度:250 厚炉渣 2. 找平层、结合层厚度、砂浆配合比:20 厚水泥砂浆(中砂)1:2;胶水 3. 面层材料品种、规格、品牌、颜色:600×600 软质胶垫	m²	43.08	
二		四层天台地面铺装				
1	011102001	200×200×20 厚深色荔枝面花岗岩	1. 垫层材料种类、厚度:150 厚炉渣 2. 找平层、结合层厚度、砂浆配合比:20 厚水泥砂浆(中砂)1:2 3. 面层材料品种、规格、品牌、颜色:200×200×20 厚深灰色荔枝面花岗岩 4. 嵌缝材料种类:按常规 5. 防护层材料种类:按常规 6. 清洗要求:按常规	m²	148.77	

序号	清单编号	项目名称	项目特征	单位	工程数量	备注
2	011102001	20厚五边形以上不规则荔枝面黄锈石无缝密拼,每块面积约为0.16~0.25m²	1. 垫层材料种类、厚度:150厚炉渣 2. 找平层、结合层厚度、砂浆配合比:20厚水泥砂浆(中砂)1:2 3. 面层材料品种、规格、品牌、颜色:20厚五边形以上不规则荔枝面黄锈石无缝密拼,每块面积约为0.16~0.25m² 4. 嵌缝材料种类:按常规 5. 防护层材料种类:按常规 6. 清洗要求:按常规	m²	15.27	
3	011102001	100×300×20厚福鼎黑荔枝面花岗石	1. 垫层材料种类、厚度:150厚炉渣 2. 找平层、结合层厚度、砂浆配合比:20厚水泥砂浆(中砂)1:2 3. 面层材料品种、规格、品牌、颜色:100×300×20厚福鼎黑荔枝面花岗石 4. 嵌缝材料种类:按常规 5. 防护层材料种类:按常规 6. 清洗要求:按常规	m²	6.28	
4	011102001	500×500×20厚黄锈石光面与火烧面间拼	1. 垫层材料种类、厚度:150厚炉渣 2. 找平层、结合层厚度、砂浆配合比:20厚水泥砂浆(中砂)1:2 3. 面层材料品种、规格、品牌、颜色:500×500×20厚黄锈石光面与火烧面间拼 4. 嵌缝材料种类:按常规 5. 防护层材料种类:按常规 6. 清洗要求:按常规	m²	272.49	
5	050201001	φ50~60黄色抛光卵石(平铺)	1. 垫层材料种类、厚度:150厚炉渣 2. 找平层、结合层厚度、砂浆配合比:20厚水泥砂浆(中砂)1:2 3. 面层材料品种、规格、品牌、颜色:φ50~60黄色抛光卵石(平铺) 4. 嵌缝材料种类:按常规 5. 防护层材料种类:按常规 6. 清洗要求:按常规	m²	62.20	
6	011102001	300×300×20厚深红色荔枝面花岗岩台湾红	1. 垫层材料种类、厚度:150厚炉渣 2. 找平层、结合层厚度、砂浆配合比:20厚水泥砂浆(中砂)1:2 3. 面层材料品种、规格、品牌、颜色:300×300×20厚深红色荔枝面花岗岩台湾红 4. 嵌缝材料种类:按常规 5. 防护层材料种类:按常规 6. 清洗要求:按常规	m²	34.56	
7	011102003	400×400暗红色仿古砖	1. 垫层材料种类、厚度:150厚炉渣 2. 找平层、结合层厚度、砂浆配合比:20厚水泥砂浆(中砂)1:2 3. 面层材料品种、规格、品牌、颜色:400×400暗红色仿古砖 4. 嵌缝材料种类:按常规 5. 防护层材料种类:按常规 6. 清洗要求:按常规	m²	253.54	

序号	清单编号	项目名称	项目特征	单位	工程数量	备注
8	050201001	φ40～60 黄色抛光卵石列植竖嵌	1. 垫层材料种类、厚度:150 厚炉渣 2. 找平层、结合层厚度、砂浆配合比:20 厚水泥砂浆(中砂)1:2 3. 面层材料品种、规格、品牌、颜色:φ40～60 黄色抛光卵石列植竖嵌 4. 嵌缝材料种类:按常规 5. 防护层材料种类:按常规 6. 清洗要求:按常规	m²	194.44	
9	011102001	300×300×20 厚深红色火烧面花岗岩	1. 垫层材料种类、厚度:150 厚炉渣 2. 找平层、结合层厚度、砂浆配合比:20 厚水泥砂浆(中砂)1:2 3. 面层材料品种、规格、品牌、颜色:300×300×20 厚深红色火烧面花岗岩 4. 嵌缝材料种类:按常规 5. 防护层材料种类:按常规 6. 清洗要求:按常规	m²	47.16	
10	011102001	20 厚五边形以上不规则黄锈石荔枝面8～10mm 缝5～6#黄色水洗石(黄金石)填缝	1. 垫层材料种类、厚度:150 厚炉渣 2. 找平层、结合层厚度、砂浆配合比:20 厚水泥砂浆(中砂)1:2 3. 面层材料品种、规格、品牌、颜色:200 厚五边形以上不规则黄锈石荔枝面8～10mm 缝5～6#黄色水洗石(黄金石)填缝 4. 嵌缝材料种类:按常规 5. 防护层材料种类:按常规 6. 清洗要求:按常规	m²	196.70	
11	011102001	200×200×20 厚深红色荔枝面花岗岩台湾红	1. 垫层材料种类、厚度:150 厚炉渣 2. 找平层、结合层厚度、砂浆配合比:20 厚水泥砂浆(中砂)1:2 3. 面层材料品种、规格、品牌、颜色:200×200×20 厚深红色荔枝面花岗岩台湾红 4. 嵌缝材料种类:按常规 5. 防护层材料种类:按常规 6. 清洗要求:按常规	m²	30.21	
12	050201001	1000×400×40 厚深灰色荔枝面花岗岩	1. 垫层材料种类、厚度:140 厚炉渣 2. 找平层、结合层厚度、砂浆配合比:20 厚水泥砂浆(中砂)1:2 3. 面层材料品种、规格、品牌、颜色:1000×400×40 厚深灰色荔枝面花岗岩 4. 嵌缝材料种类:按常规 5. 防护层材料种类:按常规 6. 清洗要求:按常规	m²	44.40	
13	011103001	600×600 儿童乐园软质胶垫	1. 垫层材料种类、厚度:150 厚炉渣 2. 找平层、结合层厚度、砂浆配合比:20 厚水泥砂浆(中砂)1:2 3. 面层材料品种、规格、品牌、颜色:600×600 软质胶垫	m²	135.04	

续表

序号	清单编号	项目名称	项目特征	单位	工程数量	备注
14	050201001	φ40~60 黄色抛光卵石散置	1. 垫层材料种类、厚度:150 厚炉渣 2. 找平层、结合层厚度、砂浆配合比:20 厚水泥砂浆(中砂)1:2 3. 面层材料品种、规格、品牌、颜色:φ40~60 黄色抛光卵石散置 4. 嵌缝材料种类:按常规 5. 防护层材料种类:按常规 6. 清洗要求:按常规	m²	2.97	
15	011102001	200×200×20 厚深灰色花岗岩	1. 垫层材料种类、厚度:150 厚炉渣 2. 找平层、结合层厚度、砂浆配合比:20 厚水泥砂浆(中砂)1:2 3. 面层材料品种、规格、品牌、颜色:200×200×20 厚深灰色花岗岩 4. 嵌缝材料种类:按常规 5. 防护层材料种类:按常规 6. 清洗要求:按常规	m²	54.44	
16	011102003	200×100×60 厚浅灰色大连砖	1. 垫层材料种类、厚度:250 厚炉渣 2. 找平层、结合层厚度、砂浆配合比:20 厚水泥砂浆(中砂)1:2 3. 面层材料品种、规格、品牌、颜色:100×100×60 厚浅灰大连砖 4. 嵌缝材料种类:按常规 5. 防护层材料种类:按常规 6. 清洗要求:按常规	m²	253.09	
17	011102001	500×500×20 厚深红色火烧面花岗岩	1. 垫层材料种类、厚度:150 厚炉渣 2. 找平层、结合层厚度、砂浆配合比:20 厚水泥砂浆(中砂)1:2 3. 面层材料品种、规格、品牌、颜色:500×500×220 厚深红色火烧面花岗岩 4. 嵌缝材料种类:按常规 5. 防护层材料种类:按常规 6. 清洗要求:按常规	m²	97.55	
18	011102001	200 厚不规则方型荔枝面黄锈石(200×200/200×40/400×400)	1. 垫层材料种类、厚度:150 厚炉渣 2. 找平层、结合层厚度、砂浆配合比:20 厚水泥砂浆(中砂)1:2 3. 面层材料品种、规格、品牌、颜色:20 厚不规则方型荔枝面黄锈石(200×200/200×400/400×400) 4. 嵌缝材料种类:按常规 5. 防护层材料种类:按常规 6. 清洗要求:按常规	m²	73.10	
19	011102001	500×500×20 厚深灰色荔枝面花岗岩	1. 垫层材料种类、厚度:150 厚炉渣 2. 找平层、结合层厚度、砂浆配合比:20 厚水泥砂浆(中砂)1:2 3. 面层材料品种、规格、品牌、颜色:500×500×20 厚深灰色荔枝面花岗岩 4. 嵌缝材料种类:按常规 5. 防护层材料种类:按常规 6. 清洗要求:按常规	m²	10.00	

续表

序号	清单编号	项目名称	项目特征	单位	工程数量	备注
20	011107001	500×500×30 厚黄金麻荔枝面花岗岩	1. 垫层材料种类、厚度:150 厚炉渣 2. 找平层、结合层厚度、砂浆配合比:20 厚水泥砂浆(中砂)1:2 3. 面层材料品种、规格、品牌、颜色:500×500×30 厚黄金麻荔枝面花岗岩 4. 嵌缝材料种类:按常规 5. 防护层材料种类:按常规 6. 清洗要求:按常规	m²	26.00	
21	011102001	1650×1650×40 厚深灰色荔枝面花岗岩	1. 垫层材料种类、厚度:150 厚炉渣 2. 找平层、结合层厚度、砂浆配合比:20 厚水泥砂浆(中砂)1:2 3. 面层材料品种、规格、品牌、颜色:1650×1650×40 厚深灰色荔枝面花岗岩 4. 嵌缝材料种类:按常规 5. 防护层材料种类:按常规 6. 清洗要求:按常规	m²	54.40	
22	50201005	植草板种植台湾草	1. 垫层材料种类、厚度:150 厚炉渣 2. 找平层、结合层厚度、砂浆配合比:20 厚水泥砂浆(中砂)1:2 3. 面层材料品种、规格、品牌、颜色:植草板种植台湾草 4. 嵌缝材料种类:按常规 5. 防护层材料种类:按常规 6. 清洗要求:按常规	m²	64.34	
23	011102001	300×300×20 厚深灰色荔枝面花岗岩	1. 垫层材料种类、厚度:150 厚炉渣 2. 找平层、结合层厚度、砂浆配合比:20 厚水泥砂浆(中砂)1:2 3. 面层材料品种、规格、品牌、颜色:300×300×20 厚深灰色荔枝面花岗岩 4. 嵌缝材料种类:按常规 5. 防护层材料种类:按常规 6. 清洗要求:按常规	m²	21.40	
24	050201001	5~10#黄色洗水石	1. 垫层材料种类、厚度:150 厚炉渣 2. 找平层、结合层厚度、砂浆配合比:20 厚水泥砂浆(中砂)1:2 3. 面层材料品种、规格、品牌、颜色:5~10#黄色洗水石 4. 嵌缝材料种类:按常规 5. 防护层材料种类:按常规 6. 清洗要求:按常规	m²	2.32	
25	011102001	500×500×20 厚深灰色火烧面花岗岩	1. 垫层材料种类、厚度:150 厚炉渣 2. 找平层、结合层厚度、砂浆配合比:20 厚水泥砂浆(中砂)1:2 3. 面层材料品种、规格、品牌、颜色:500×500×220 厚深灰色火烧面花岗岩 4. 嵌缝材料种类:按常规 5. 防护层材料种类:按常规 6. 清洗要求:按常规	m²	5.15	

续表

序号	清单编号	项目名称	项目特征	单位	工程数量	备注
26	011102001	100×100×20 厚深红色火烧面花岗岩	1. 垫层材料种类、厚度:150 厚炉渣 2. 找平层、结合层厚度、砂浆配合比:20 厚水泥砂浆(中砂)1∶2 3. 面层材料品种、规格、品牌、颜色:100×100×20 厚深红色火烧面花岗岩 4. 嵌缝材料种类:按常规 5. 防护层材料种类:按常规 6. 清洗要求:按常规	m²	20.20	
27	050201001	5~10#黄色洗水石	1. 垫层材料种类、厚度:150 厚炉渣 2. 找平层、结合层厚度、砂浆配合比:20 厚水泥砂浆(中砂)1∶2 3. 面层材料品种、规格、品牌、颜色:5~10#黄色洗水石 4. 嵌缝材料种类:按常规 5. 防护层材料种类:按常规 6. 清洗要求:按常规	m²	7.60	
28	011104002	30 厚 120 宽巴劳木板	1. 龙骨材料种类、规格、铺设间距:30 厚 120 宽巴劳木板,间缝 5;60×60 巴劳木龙骨间距 600 2. 基层材料种类、规格:100 厚 C15 素混凝土;160 厚炉渣 3. 面层材料品种、规格、品牌、颜色:30 厚 120 宽巴劳木板 4. 固定材料种类:按常规 5. 油漆品种、刷漆遍数:按常规	m²	177.36	
29	011107001	500×500×20 厚黄金麻荔枝面花岗岩 L=5m	1. 垫层材料种类、厚度:150 厚炉渣 2. 找平层、结合层厚度、砂浆配合比:20 厚水泥砂浆(中砂)1∶2 3. 面层材料品种、规格、品牌、颜色:500×500×30 厚黄金麻荔枝面花岗岩 4. 嵌缝材料种类:按常规 5. 防护层材料种类:按常规 6. 清洗要求:按常规	m²	5.07	
30	011107001	500×500×30 厚黄金订荔枝面花岗岩 L=10m	1. 垫层材料种类、厚度:150 厚炉渣 2. 找平层、结合层厚度、砂浆配合比:20 厚水泥砂浆(中砂)1∶2 3. 面层材料品种、规格、品牌、颜色:500×500×30 厚黄金麻荔枝面花岗岩 4. 嵌缝材料种类:按常规 5. 防护层材料种类:按常规 6. 清洗要求:按常规	m²	10.00	
31	011102001	20 厚五边形以上不规则黄锈石荔枝面花岗石无缝密拼,每块面积约为 0.16~0.25m²	1. 垫层材料种类、厚度:150 厚炉渣 2. 找平层、结合层厚度、砂浆配合比:20 厚水泥砂浆(中砂)1∶2 3. 面层材料品种、规格、品牌、颜色:20 厚五边形以上不规则黄锈石荔枝面花岗岩无缝密拼,每块面积约为 0.16~0.25m² 4. 嵌缝材料种类:按常规 5. 防护层材料种类:按常规 6. 清洗要求:按常规	m²	149.64	

序号	清单编号	项目名称	项目特征	单位	工程数量	备注
三		景观水景一				
1	010404001	碎石垫层	1. 名称、部位:景墙、水池垫层 2. 垫层厚度:100 厚	m³	2.68	
2	010404001	素混凝土垫层	1. 名称、部位:景墙、水池垫层 2. 混凝土强度等级:C15 3. 垫层厚度:100 厚	m³	2.68	
3	010401003	砖砌体	1. 墙体类型:景墙 2. 砖品种、规格、强度等级:MU7.5 页岩标砖、240mm×115mm×53mm 3. 墙体厚度:180 厚 4. 砂浆强度等级:M5.0 水泥砂浆	m³	2.96	
4	010507011	景墙混凝土压顶	1. 压顶断面:180mm×150mm 2. 混凝土强度等级:C20	m³	0.14	
5	010404013	零星砖砌体	1. 名称、部位:树池 2. 砖品种、规格、强度等级:MU7.5 页岩标砖、240mm×115mm×53mm 3. 形状截面:详 LA006 图 4. 砂浆强度等级:M5.0 水泥砂浆	m³	2.56	
6	010415001	水景池混凝土池底	1. 池体类型:矩形 2. 部位:池底板、板厚 150mm 3. 混凝土强度等级:C20,抗渗等级 S6 4. 混凝土拌合料:卵石 5~20、中砂	m³	5.95	
7	010415001	水景池混凝土池壁 (含流水墙)	1. 池体类型:矩形 2. 部位:池壁 140 厚,流水墙 280 厚 3. 混凝土强度等级:C20,抗渗等级 S6 4. 混凝土拌合料:卵石 5~20、中砂	m³	5.95	
8	010515001	现浇混凝土钢筋	1. 钢筋种类、规格:HPB 235 级 φ10 以内	t	0.442	
9	011206001	景墙压项	1. 柱、墙体类型:混凝土 2. 底层厚度、砂浆配合比:20 厚水泥砂浆(中砂)1:2 3. 粘结层厚度、材料种类:水泥砂浆(中砂)1:1 4. 面层材料品种、规格、品牌、颜色:100 厚中国黑光面花岗岩 5. 缝宽、嵌缝材料种类:按设计 6. 清洗要求:常规	m²	1.92	
10	011204001	景墙饰面	1. 墙体类型:砖、混凝土墙 2. 底层厚度、砂浆配合比:20 厚水泥砂浆(中砂)1:2 3. 粘结层厚度、材料种类:水泥砂浆(中砂)1:1 4. 面层材料品种、规格、品牌、颜色:300×600×30 厚芝麻灰荔枝面花岗岩 5. 缝宽、嵌缝材料种类:按设计 6. 清洗要求:常规	m²	34.73	

序号	清单编号	项目名称	项目特征	单位	工程数量	备注
11	011206001	景墙饰面	1. 墙体类型:砖、混凝土墙 2. 底层厚度、砂浆配合比:20 厚水泥砂浆(中砂)1:2 3. 粘结层厚度、材料种类:水泥砂浆(中砂)1:1 4. 面层材料品种、规格、品牌、颜色:100×600×30 厚中国黑光面花岗岩 5. 缝宽、嵌缝材料种类:按设计 6. 清洗要求:常规	m²	1.18	
12	011206001	景墙饰面	1. 墙体类型:砖、混凝土墙 2. 底层厚度、砂浆配合比:20 厚水泥砂浆(中砂)1:2 3. 粘结层厚度、材料种类:水泥砂浆(中砂)1:1 4. 面层材料品种、规格、品牌、颜色:50×600×20 厚芝麻黑荔枝面花岗岩 5. 缝宽、嵌缝材料种类:按设计 6. 清洗要求:常规	m²	0.59	
13	011201004	景墙饰面	1. 墙体类型:混凝土墙 2. 底层厚度、砂浆配合比:20 厚水泥砂浆(中砂)1:2 3. 粘结层厚度、材料种类:水泥砂浆(中砂)1:1 4. 面层材料品种、规格、品牌、颜色:350×600×30 厚芝麻灰荔枝面花岗岩 5. 缝宽、嵌缝材料种类:按设计 6. 清洗要求:常规	m²	4.13	
14	011204001	流水墙饰面	1. 墙体类型:混凝土墙 2. 底层厚度、砂浆配合比:20 厚水泥砂浆(中砂)1:2 3. 粘结层厚度、材料种类:水泥砂浆(中砂)1:1 4. 面层材料品种、规格、品牌、颜色:400×900×30 厚中国黑光面花岗岩 5. 缝宽、嵌缝材料种类:按设计 6. 清洗要求:常规	m²	10.44	
15	011204001	流水墙饰面	待定	m²	1.50	
16	011206001	流水墙饰面	1. 墙体类型:砖、混凝土墙 2. 底层厚度、砂浆配合比:20 厚水泥砂浆(中砂)1:2 3. 粘结层厚度、材料种类:水泥砂浆(中砂)1:1 4. 面层材料品种、规格、品牌、颜色:300×300×30 厚芝麻灰毛面花岗岩 5. 缝宽、嵌缝材料种类:按设计 6. 清洗要求:常规	m²	1.38	
17	011206001	流水墙饰面	1. 墙体类型:砖、混凝土墙 2. 底层厚度、砂浆配合比:20 厚水泥砂浆(中砂)1:2 3. 粘结层厚度、材料种类:水泥砂浆(中砂)1:1 4. 面层材料品种、规格、品牌、颜色:100×1000×30 厚中国黑光面花岗岩 5. 缝宽、嵌缝材料种类:按设计 6. 清洗要求:常规	m²	0.46	

续表

序号	清单编号	项目名称	项目特征	单位	工程数量	备注
18	011204001	流水墙饰面	1. 墙体类型:混凝土墙 2. 底层厚度、砂浆配合比:20 厚水泥砂浆(中砂)1:2 3. 粘结层厚度、材料类:水泥砂浆(中砂)1:1,ϕ6 铁棒加固 4. 面层材料品种、规格、品牌、颜色:1000×500×90~160 厚黄锈石花岗岩 5. 定制块一要求:七面为光面,正面为自然面 6. 缝宽、嵌缝材料种类:按设计 7. 清洗要求:常规	m²	6.00	
19	011204001	流水墙饰面	1. 墙体类型:混凝土墙 2. 底层厚度、砂浆配合比:20 厚水泥砂浆(中砂)1:2 3. 粘结层厚度、材料种类:水泥砂浆(中浆)1:1ϕ6 铁棒加固 4. 面层材料品种、规格、品牌、颜色:1000×530×80~250 厚黄锈石花岗岩 5. 定制块二要求:八面为光面 6. 缝宽、嵌缝材料种类:按设计 7. 清洗要求:常规	m²	0.75	
20	011206001	水景池压顶	1. 柱、墙体类型:混凝土、砖墙 2. 底层厚度、砂浆配合比:20 厚水泥砂浆(中砂)1:2 3. 粘结层厚度、材料种类:水泥砂浆(中砂)1:1 4. 面层材料品种、规格、品牌、颜色:200×600×100 厚中国黑光面花岗岩定制 5. 定制要求:倒斜边,断面 6. 缝宽、嵌缝材料种类:按设计 7. 清洗要求:常规	m²	4.68	
21	011206001	水景池外侧饰面	1. 墙体类型:砖、混凝土墙 2. 底层厚度、砂浆配合比:20 厚水泥砂浆(中砂)1:2 3. 粘结层厚度、材料种类:水泥砂浆(中砂)1:1 4. 面层材料品种、规格、品牌、颜色:600×50×20 厚芝麻灰荔枝面花岗岩 5. 缝宽、嵌缝材料种类:按设计 6. 清洗要求:常规	m²	1.23	
22	011206001	水景池外侧饰面	1. 墙体类型:砖、混凝土墙 2. 底层厚度、砂浆配合比:20 厚水泥砂浆(中砂)1:2 3. 粘结层厚度、材料种类:水泥砂浆(中砂)1:1 4. 面层材料品种、规格、品牌、颜色:200×600×20 厚中国黑光面花岗岩 5. 缝宽、嵌缝材料种类:按设计 6. 清洗要求:常规	m²	8.61	

序号	清单编号	项目名称	项目特征	单位	工程数量	备注
23	011206001	水景池内侧饰面	1. 墙体类型:砖、混凝土墙 2. 底层厚度、砂浆配合比:20 厚水泥砂浆(中砂)1:2 3. 粘结层厚度、材料种类:水泥砂浆(中砂)1:1 4. 面层材料品种、规格、品牌、颜色:20 厚芝麻灰光面花岗岩 5. 缝宽、嵌缝材料种类:按设计 6. 清洗要求:常规	m²	11.90	
24	000000000	不锈钢栅架	1. 规格:定制成品	m²	5.88	
25	000000000	蓝色琉璃砖	1. 规格:160×160×300	m³	0.14	
26	011203001	零星项目一般抹灰	1. 墙体类型:砖、混凝土墙 2. 抹灰厚度、砂浆配合比:20 厚水泥砂浆(中砂)1:2	m²	11.76	
四		景观水景二				
1	000000000	陶粒垫层	1. 名称、部位:花池垫层 2. 垫层厚度:100 厚	m³	4.89	
2	000000000	过滤网	1. 名称、部位:花池底部 2. 材质、规格:待定	m²	48.91	
3	000000000	粗砂滤水层	1. 名称、部位:花池垫层 2. 滤层厚度:50 厚	m³	2.45	
4	000000000	轻质种植土	1. 名称、部位:花池内 2. 填土厚度:400 厚	m³	19.56	
5	010404013	零星砖砌体	1. 名称、部位:水池、树池 2. 砖品种、规格、强度等级:MU7.5 页岩标砖、240mm×115mm×53mm 3. 形状截面:详 LA008 图 4. 砂浆强度等级:M5.0 水泥砂浆	m³	4.31	
6	010515001	水景池混凝土池底	1. 池类型:矩形 2. 部位:池底板,板厚 150mm 3. 混凝土强度等级:C20,抗渗等级 S6 4. 混凝土拌合料:卵石 5~20、中砂	m³	2.70	
7	010515001	水景池混凝土池壁	1. 池类型:矩形 2. 部位:池壁 140 厚,流水墙 280 厚 3. 混凝土强度等级:C20,抗渗等级 S6 4. 混凝土拌合料:卵石 5~20、中砂	m³	2.35	
8	010515001	现浇混凝土钢筋	1. 钢筋种类、规格:HPB 300 级 φ10 以内	t	0.438	
9	011206001	池沿压顶	1. 墙体类型:砖、混凝土墙 2. 底层厚度、砂浆配合比:20 厚水泥砂浆(中砂)1:2 3. 粘结层厚度、材料种类:水泥砂浆(中砂)1:1 4. 面层材料品种、规格、品牌、颜色:112×400×20 厚黄金麻光面花岗岩 5. 缝宽、嵌缝材料种类:按设计 6. 清洗要求:常规	m²	4.88	

序号	清单编号	项目名称	项目特征	单位	工程数量	备注
10	011206001	池沿压顶、侧饰面	1. 墙体类型:砖、混凝土墙 2. 底层厚度、砂浆配合比:20 厚水泥砂浆(中砂)1:2 3. 粘结层厚度、材料种类:水泥砂浆(中砂)1:1 4. 面层材料品种、规格、品牌、颜色:200×400×20 厚黄金麻光面花岗岩 5. 缝宽、嵌缝材料种类;按设计 6. 清洗要求:常规	m²	35.68	
11	011206001	水池内侧饰面	1. 墙体类型:混凝土墙 2. 底层厚度、砂浆配合比:20 厚水泥砂浆(中砂)1:2 3. 防水层:2mm911 防水涂膜 4. 粘结层厚度、材料种类:水泥砂浆(中砂)1:1 5. 面层材料品种、规格、品牌、颜色:300×300 蓝色马赛克 6. 缝宽、嵌缝材料种类;按设计 7. 清洗要求:常规	m²	9.36	
12	011102001	水景池池底铺装	1. 防水层厚度、材料种类:2mm 厚 911 防水涂膜 2. 找平层厚度、砂浆配合比:20 厚水泥砂浆(中砂)1:2 3. 结合层厚度、砂浆配合比:水泥砂浆(中砂)1:1 4. 面层材料品种、规格、品牌、颜色:300×300 蓝色马赛克 5. 嵌缝材料种类;按设计 6. 清洗要求:常规	m²	12.96	
13	011203001	零星项目一般抹灰	1. 墙体类型:砖墙 2. 抹灰厚度、砂浆配合比:20 厚水泥砂浆(中砂)1:2	m²	20.30	
五	景观水景三、四					
1	010515001	水景池混凝土池底	1. 池类型:矩形、异形 2. 部位:池底板,板厚 150mm 3. 混凝土强度等级:C20,抗渗等级 S6 4. 混凝土拌合料:卵石 5~20、中砂	m³	21.15	
2	010515001	水景池混凝土池壁	1. 池类型:矩形 2. 部位:池壁 200 厚 3. 混凝土强度等级:C20,抗渗等级 S6 4. 混凝土拌合料:卵石 5~20、中砂	m³	6.19	
3	010515001	水景池混凝土池壁	1. 池类型:异形 2. 部位:池壁 140 厚,流水墙 280 厚 3. 混凝土强度等级:C20,抗渗等级 S6 4. 混凝土拌合料:卵石 5~20、中砂	m³	1.48	
4	010515001	现浇混凝土钢筋	1. 钢筋种类、规格:HPB 300 级 φ10 以内	t	2.104	

序号	清单编号	项目名称	项目特征	单位	工程数量	备注
5	011206001	池沿压顶	1. 墙体类型:混凝土墙 2. 底层厚度、砂浆配合比:20 厚水泥砂浆(中砂)1:2 3. 粘结层厚度、材料种类:水泥砂浆(中砂)1:1 4. 面层材料品种、规格、品牌、颜色:112×400×20 厚黄金麻光面花岗岩 5. 缝宽、嵌缝材料种类:按设计 6. 清洗要求:常规	m²	8.59	
6	011206001	池沿压顶、侧饰面	1. 墙体类型:混凝土墙 2. 底层厚度、砂浆配合比:20 厚水泥砂浆(中砂)1:2 3. 粘结层厚度、材料种类:水泥砂浆(中砂)1:1 4. 面层材料品种、规格、品牌、颜色:200×400×20 厚黄金麻光面花岗岩 5. 缝宽、嵌缝材料种类:按设计 6. 清洗要求:常规	m²	51.09	
7	011206001	水池内侧饰面	1. 墙体类型:混凝土墙 2. 底层厚度、砂浆配合比:20 厚水泥砂浆(中砂)1:2 3. 防水层:2mm 厚 911 防水涂膜 4. 粘结层厚度、材料种类:水泥砂浆(中砂)1:1 5. 面层材料品种、规格、品牌、颜色:300×300 蓝色马赛克 6. 缝宽、嵌缝材料种类:按设计 7. 清洗要求:常规	m²	36.97	
8	011102001	水景池池底铺装	1. 防水层厚度、材料种类:2mm 厚 911 防水涂膜 2. 找平层厚度、砂浆配合比:20 厚水泥砂浆(中砂)1:2 3. 结合层厚度、砂浆配合比:水泥砂浆(中砂)1:1 4. 面层材料品种、规格、品牌、颜色:300×300 蓝色马赛克 5. 嵌缝材料种类:按设计 6. 清洗要求:常规	m²	118.02	
六	景观柱					
1	010401003	砖砌体	1. 墙体类型:矩形柱 2. 砖品牌、规格、强度等级:MU7.5 页岩标砖、240mm×115mm×53mm 3. 墙体厚度:300 厚 4. 砂浆强度等级:M5.0 水泥砂浆	m³	1.34	
2	010507011	柱压顶	1. 压顶厚度:120mm 2. 混凝土强度等级:C20	m³	0.13	
3	01051501	现浇混凝土钢筋	1. 钢筋种类、规格:HPB 300	t	0.007	
4	011205001	柱饰面	1. 柱、墙体类型:砖墙 2. 底层厚度、砂浆配合比:20 厚水泥砂浆(中砂)1:2 3. 粘结层厚度、材料种类:水泥砂浆(中砂)1:1 4. 面层材料品种、规格、品牌、颜色:100×100、100×200、200×200×20 厚深灰色光面花岗岩 5. 缝宽、嵌缝材料种类:按设计 6. 清洗要求:常规	m²	17.00	

序号	清单编号	项目名称	项目特征	单位	工程数量	备注
5	000000000	灯框	1. 灯框尺寸:600×600×600 2. 框架材质、规格:20 宽钢结构,黑色喷漆面 3. 灯片材质、规格:6mm 喷砂玻璃	座	4.00	
七		花池				
1	010404013	零星砖砌体	1. 名称、部位:矮墙 2. 砖品种、规格、强度等级:MU7.5 页岩标砖、240mm×115mm×50mm 3. 砂浆强度等级:M5.0 水泥砂浆	m³	137.60	
2	011206001	矮墙压顶饰面	1. 柱、墙体类型:砖墙 2. 底层厚度、砂浆配合比:20 厚水泥砂浆(中砂)1∶2 3. 粘结层厚度、材料种类:水泥砂浆(中砂)1∶1 4. 面层材料品种、规格、品牌、颜色:112×400×20 厚黄金麻光面花岗岩 5. 缝宽、嵌缝材料种类:按设计 6. 清洗要求:常规	m²	167.78	
3	011206001	矮墙压顶、侧饰面	1. 柱、墙体类型:砖墙 2. 底层厚度、砂浆配合比:20 厚水泥砂浆(中砂)1∶2 3. 粘结层厚度、材料种类:水泥砂浆(中砂)1∶1 4. 面层材料品种、规格、品牌、颜色:200×400×20 厚黄金麻光面花岗岩 5. 缝宽、嵌缝材料种类:按设计 6. 清洗要求:常规	m²	837.83	
八		圆形树池　6个				
1	010404013	零星砖砌体	1. 名称、部位:树池 2. 砖品种、规格、强度等级:MU7.5 页岩标砖、240mm×115mm×53mm 3. 砂浆强度等级:M5.0 水泥砂浆	m³	2.90	
2	011206001	花岗石压顶饰面	1. 柱、墙体类型:砖墙 2. 底层厚度、砂浆配合比:20 厚水泥砂浆(中砂)1∶2 3. 粘结层厚度、材料种类:水泥砂浆(中砂)1∶1 4. 面层材料品种、规格、品牌、颜色:112×400×20 厚黄金麻光面花岗岩 5. 缝宽、嵌缝材料种类:按设计 6. 清洗要求:常规	m²	4.43	
3	011206001	花岗石压顶及侧饰面	1. 柱、墙体类型:砖墙 2. 底层厚度、砂浆配合比:20 厚水泥砂浆(中砂)1∶2 3. 粘结层厚度、材料种类:水泥砂浆(中砂)1∶1 4. 面层材料品种、规格、品牌、颜色:200×400×20,200×550×20,400×600×20 厚黄金麻光面花岗岩 5. 缝宽、嵌缝材料种类:按设计 6. 清洗要求:常规	m²	22.04	

序号	清单编号	项目名称	项目特征	单位	工程数量	备注
4	011203001	零星项目一般抹灰	1. 墙体类型:砖墙 2. 抹灰厚度、砂浆配合比:20 厚水泥砂浆(中砂)1:2	m²	10.55	
5	000000000	陶粒垫层	1. 名称、部位:花池垫层 2. 垫层厚度:100 厚	m³	1.21	
6	000000000	过滤网	1. 名称、部位:花池底部 2. 材质、规格:待定	m²	12.06	
7	000000000	粗砂滤水层	1. 名称、部位:花池垫层 2. 滤层厚度:50 厚	m³	0.06	
8	000000000	轻质种植土	1. 名称、部位:花池内 2. 填土厚度:400 厚	m³	3.62	
9	010702004018	树池排水管预留	1. 排水管品种、规格、品牌:φ30mm 2. 接缝、嵌缝材料种类:土工布包盖	m	3.60	
九		方形树池一 6 个				
1	010404013	零星砖砌体	1. 名称、部位:树池 2. 砖品种、规格、强度等级:MU7.5 页岩标砖、240mm×115mm×53mm 3. 砂浆强度等级:M5.0 水泥砂浆	m³	8.75	
2	011206001	花岗石压顶饰面	1. 柱、墙体类型:砖墙 2. 底层厚度、砂浆配合比:20 厚水泥砂浆(中砂)1:2 3. 粘结层厚度、材料种类:水泥砂浆(中砂)1:1 4. 面层材料品种、规格、品牌、颜色:112×400×20 厚黄金麻光面花岗岩 5. 缝宽、嵌缝材料种类:按设计 6. 清洗要求:常规	m²	7.80	
3	011206001	花岗石压顶及侧饰面	1. 柱、墙体类型:砖墙 2. 底层厚度、砂浆配合比:20 厚水泥砂浆(中砂)1:2 3. 粘结层厚度、材料种类:水泥砂浆(中砂)1:1 4. 面层材料品种、规格、品牌、颜色:200×400×20,200×550×20、400×600×20 厚黄金麻光面花岗岩 5. 缝宽、嵌缝材料种类:按设计 6. 清洗要求:常规	m²	57.84	
4	011203001	零星项目一般抹灰	1. 墙体类型:砖墙 2. 抹灰厚度、砂浆配合比:20 厚水泥砂浆(中砂)1:2	m²	37.44	
5	000000000	陶粒垫层	1. 名称、部位:花池垫层 2. 垫层厚度:100 厚	m³	3.46	
6	000000000	过滤网	1. 名称、部位:花池底部 2. 材质、规格:待定	m²	34.56	
7	000000000	粗砂滤水层	1. 名称、部位:花池垫层 2. 滤层厚度:50 厚	m³	1.73	

续表

序号	清单编号	项目名称	项目特征	单位	工程数量	备注
8	000000000	轻质种植土	1. 名称、部位:花池内 2. 填土厚度:400 厚	m³	20.74	
9	010702004018	树池排水管预留	1. 排水管品种、规格、品牌:φ30mm 2. 接缝、嵌缝材料种类:土工布包盖	m	3.60	
十	方形树池二	2 个				
1	010404013	零星砖砌体	1. 名称、部位:树池 2. 砖品种、规格、强度等级:MU7.5 页岩标砖、240mm×115mm×53mm 3. 砂浆强度等级:M5.0 水泥砂浆	m³	5.77	
2	011206001	花岗石压顶饰面	1. 柱、墙体类型:砖墙 2. 底层厚度、砂浆配合比:20 厚水泥砂浆(中砂)1:2 3. 粘结层厚度、材料种类:水泥砂浆(中砂)1:1 4. 面层材料品种、规格、品牌、颜色:112×400×20 厚黄金麻光面花岗岩 5. 缝宽、嵌缝材料种类:按设计 6. 清洗要求:常规	m²	3.05	
3	011206001	花岗石压顶及侧饰面	1. 柱、墙体类型:砖墙 2. 底层厚度、砂浆配合比:20 厚水泥砂浆(中砂)1:2 3. 粘结层厚度、材料种类:水泥砂浆(中砂)1:1 4. 面层材料品种、规格、品牌、颜色:200×400×20,200×550×20,400×600×20 厚黄金麻光面花岗岩 5. 缝宽、嵌缝材料种类:按设计 6. 清洗要求:常规	m²	26.68	
4	011203001	零星项目一般抹灰	1. 墙体类型:砖墙 2. 抹灰厚度、砂浆配合比:20 厚水泥砂浆(中砂)1:2	m²	10.00	
5	000000000	陶粒垫层	1. 名称、部位:花池垫层 2. 垫层厚度:100 厚	m³	1.25	
6	000000000	过滤网	1. 名称、部位:花池底部 2. 材质、规格:待定	m²	12.50	
7	000000000	粗砂滤水层	1. 名称、部位:花池垫层 2. 滤层厚度:50 厚	m³	0.63	
8	000000000	轻质种植土	1. 名称、部位:花池内 2. 填土厚度:400 厚	m³	6.25	
9	010702004018	树池排水管预留	1. 排水管品种、规格、品牌:φ30mm 2. 接缝、嵌缝材料种类:土工布包盖	m	2.00	
十一	方形树池三	1 个				
1	010404013	零星砖砌体	1. 名称、部位:树池 2. 砖品种、规格、强度等级:MU7.5 页岩标砖、240mm×115mm×53mm 3. 砂浆强度等级:M5.0 水泥砂浆	m³	1.92	

序号	清单编号	项目名称	项目特征	单位	工程数量	备注
2	011206001	花岗石压顶饰面	1. 柱、墙体类型:砖墙 2. 底层厚度、砂浆配合比:20 厚水泥砂浆(中砂)1∶2 3. 粘结层厚度、材料种类:水泥砂浆(中砂)1∶1 4. 面层材料品种、规格、品牌、颜色:112×400×20 厚黄金麻光面花岗岩 5. 缝宽、嵌缝材料种类:按设计 6. 清洗要求:常规	m²	1.08	
3	011206001	花岗石压顶及侧饰面	1. 柱、墙体类型:砖墙 2. 底层厚度、砂浆配合比:20 厚水泥砂浆(中砂)1∶2 3. 粘结层厚度、材料种类:水泥砂浆(中砂)1∶1 4. 面层材料品种、规格、品牌、颜色:200×400×20、200×550×20、400×600×20 厚黄金麻光面花岗岩 5. 缝宽、嵌缝材料种类:按设计 6. 清洗要求:常规	m²	13.80	
4	011203001	零星项目一般抹灰	1. 墙体类型:砖墙 2. 抹灰厚度、砂浆配合比:20 厚水泥砂浆(中砂)1∶2	m²	3.00	
5	000000000	陶粒垫层	1. 名称、部位:花池垫层 2. 垫层厚度:100 厚	m³	0.23	
6	000000000	过滤网	1. 名称、部位:花池底部 2. 材质、规格:待定	m²	2.25	
7	000000000	粗砂滤水层	1. 名称、部位:花池垫层 2. 滤层厚度:50 厚	m³	0.11	
8	000000000	轻质种植土	1. 名称、部位:花池内 2. 填土厚度:400 厚	m³	1.13	
9	0109020040	树池排水管预留	1. 排水管品种、规格、品牌:φ30mm 2. 接缝、嵌缝材料种类:土工布包盖	m	1.00	

表 8-2　分部分项工程量清单(2)

工程名称:××花园×天台景观植物(7~11 栋三、四层)

序号	清单编号	项目名称	项目特征	单位	工程数量	备注
一		乔木部分				
1	050102001	栽植乔木:红花羊蹄甲	1. 乔木种类:红花羊蹄甲 2. 乔木胸径:φ15~18mm 3. 乔木树高:4~4.5mm 4. 乔木冠幅:2.2~2.5mm 5. 养护期:1 年	株	30	
2	050102001	栽植乔木:香樟	1. 乔木种类:香樟 2. 乔木胸径:φ10~12mm 3. 乔木树高:4~4.5mm 4. 乔木冠幅:2.2~2.5mm 5. 养护期:1 年	株	5	

续表

序号	清单编号	项目名称	项目特征	单位	工程数量	备注
3	050102001	栽植乔木:小叶榕	1. 乔木种类:小叶榕 2. 乔木胸径:φ12～15mm 3. 乔木树高:4～4.5mm 4. 乔木冠幅:2.5～3mm(分支在1.8米以上) 5. 养护期:1年	株	11	
4	050102001	栽植乔木:广玉兰	1. 乔木种类:广玉兰 2. 乔木胸径:φ8～10mm 3. 乔木树高:3.8～4mm 4. 乔木冠幅:1.8～2mm 5. 养护期:1年	株	6	
5	050102001	栽植乔木:垂柳	1. 乔木种类:垂柳 2. 乔木胸径:φ5～6mm 3. 乔木树高:2.5～3mm 4. 乔木冠幅:1.5～1.8mm 5. 养护期:1年	株	6	
6	050102001	栽植乔木:刺桐	1. 乔木种类:刺桐 2. 乔木胸径:φ6～8mm 3. 乔木树高:2.2～2.5mm 4. 乔木冠幅:1.5～1.8mm 5. 养护期:1年	株	75	
7	050102001	栽植乔木:黄槐	1. 乔木种类:黄槐 2. 乔木胸径:φ7～8mm 3. 乔木树高:2.2～2.5mm 4. 乔木冠幅:1.5～1.8mm 5. 养护期:1年	株	106	
8	050102001	栽植乔木:桂花	1. 乔木种类:桂花 2. 乔木胸径:φ10～12mm 3. 乔木树高:2.2～2.5mm 4. 乔木冠幅:1.5～1.8mm 5. 养护期:1年	株	65	
9	050102001	栽植乔木:红枫	1. 乔木种类:红枫 2. 乔木胸径:φ10～12mm 3. 乔木树高:2.2～2.5mm 4. 乔木冠幅:1.5～1.8mm 5. 养护期:1年	株	61	
10	050102001	栽植乔木:芭蕉	1. 乔木种类:芭蕉 2. 乔木胸径:φ10～12mm 3. 乔木树高:2.2～2.5mm 4. 乔木冠幅:1.5～1.8mm 5. 养护期:1年	株	31	
二	灌木部分					
1	050102002	栽植灌木:琴丝竹	1. 灌木种类:琴丝竹(3～5枝/丛) 2. 灌木树高:2～2.5mm 3. 灌木冠幅:2mm 4. 养护期:1年	株	117	

续表

序号	清单编号	项目名称	项目特征	单位	工程数量	备注
2	050102002	栽植灌木:芙蓉	1. 灌木种类:芙蓉 2. 灌木树高:1.8~2mm 3. 灌木冠幅:1.5~1.8mm 4. 养护期:1年	株	37	
3	050102002	栽植灌木:美丽针葵	1. 灌木种类:美丽针葵 2. 灌木树高:1.2~1.5mm 3. 灌木冠幅:1.2~1.5mm 4. 养护期:1年	株	11	
4	050102002	栽植灌木:大栀子球	1. 灌木种类:大栀子球 2. 灌木树高:1.2mm 3. 灌木冠幅:1.2mm 4. 养护期:1年	株	53	球形
5	050102002	栽植灌木:红继木球	1. 灌木种类:红继木球 2. 灌木树高:1mm 3. 灌木冠幅:1mm 4. 养护期:1年	株	150	球形
6	050102002	栽植灌木:小叶含笑	1. 灌木种类:小叶含笑 2. 灌木树高:0.8mm 3. 灌木冠幅:0.8mm 4. 养护期:1年	株	75	球形
7	050102002	栽植灌木:杜鹃球	1. 灌木种类:杜鹃球 2. 灌木树高:0.8mm 3. 灌木冠幅:0.8mm 4. 养护期:1年	株	100	球形
8	050102002	栽植灌木:金叶女贞球	1. 灌木种类:金叶女贞球 2. 灌木树高:0.8mm 3. 灌木冠幅:0.8mm 4. 养护期:1年	株	107	球形
9	050102002	栽植灌木:海桐球	1. 灌木种类:海桐球 2. 灌木树高:0.8mm 3. 灌木冠幅:0.8mm 4. 养护期:1年	株	101	球形
10	050102002	栽植灌木:洒金珊瑚	1. 灌木种类:洒金珊瑚 2. 灌木树高:0.8mm 3. 灌木冠幅:0.6mm 4. 养护期:1年	株	67	
三	花卉部分					
1	050102012	铺种草皮:台湾草	1. 草皮种类:台湾草 2. 铺种方式:草皮铺种 3. 养护期:1年	m²	2585.5	
2	050102008	种植花卉:五爪金龙	1. 花卉种类:五爪金龙 2. 花卉高度:0.25~0.35mm(暂定) 3. 花卉冠幅:0.2~0.25mm(暂定) 4. 密度:36袋/m² 5. 养护期:1年	m²	46.15	

续表

序号	清单编号	项目名称	项目特征	单位	工程数量	备注
3	050102008	种植花卉:红花美人蕉	1. 花卉种类:红花美人蕉 2. 花卉高度:0.35~0.45mm 3. 花卉冠幅:0.3~0.35mm 4. 密度:25袋/m² 5. 养护期:1年	m²	60.75	
4	050102008	种植花卉:蜘蛛百合	1. 花卉种类:蜘蛛百合 2. 花卉高度:0.35~0.45mm 3. 花卉冠幅:0.3~0.35mm 4. 密度:25袋/m² 5. 养护期:1年	m²	90.31	
5	050102008	种植花卉:蜘蛛抱蛋	1. 花卉种类:蜘蛛抱蛋 2. 花卉高度:0.35~0.45mm 3. 密度:25袋/m² 4. 养护期:1年	m²	29.12	
6	050102008	种植花卉:鸭趾草	1. 花卉种类:鸭趾草 2. 花卉高度:0.2~0.35mm 3. 密度:25袋/m² 4. 养护期:1年	m²	104.43	
7	050102008	种植花卉:夏鹃	1. 花卉种类:夏鹃 2. 花卉高度:0.25~0.35mm 3. 花卉冠幅:0.2~0.25mm 4. 密度:36袋/m² 5. 养护期:1年	m²	99.93	
8	050102008	种植花卉:五色草	1. 花卉种类:五色草 2. 花卉高度:0.25~0.35mm 3. 花卉冠幅:0.2~0.25mm 4. 密度:36袋/m² 5. 养护期:1年	m²	144.44	
9	050102013	喷播植草:白花三叶草	1. 草种种类:白花三叶草 2. 铺种方式:撒播 3. 养护期:1年	m²	135.52	
10	050102008	种植花卉:黄连翘	1. 花卉种类:黄连翘 2. 花卉高度:0.25~0.35mm 3. 花卉冠幅:0.2~0.25mm 4. 密度:36袋/m² 5. 养护期:1年	m²	152.64	
11	050102008	种植花卉:龙船花	1. 花卉种类:龙船花 2. 花卉高度:0.25~0.35mm(暂定) 3. 密度:36袋/m² 4. 养护期:1年	m²	180.66	
12	050102008	种植花卉:紫叶酢浆草	1. 花卉种类:紫叶酢浆草 2. 花卉高度:0.25~0.35mm 3. 密度:36袋/m² 4. 养护期:1年	m²	82.31	
13	050102008	种植花卉:吉祥草	1. 花卉种类:吉祥草 2. 花卉高度:0.15~0.20mm 3. 密度:49袋/m² 4. 养护期:1年	m²	41.15	

序号	清单编号	项目名称	项目特征	单位	工程数量	备注
14	050102008	种植花卉:茉莉	1. 花卉种类:茉莉 2. 花卉高度:0.25~0.35mm(暂定) 3. 花卉冠幅:0.2~0.25mm(暂定) 4. 密度:36 袋/m² 5. 养护期:1 年	m²	83.03	
15	050102008	种植花卉:肾蕨	1. 花卉种类:肾蕨 2. 花卉高度:0.15~0.25mm 3. 密度:49 袋/m² 4. 养护期:1 年	m²	31.84	
16	050102008	种植花卉:福建茶	1. 花卉种类:福建茶 2. 花卉高度:0.15~0.20mm 3. 花卉冠幅:0.15~0.20mm 4. 密度:49 袋/m² 5. 养护期:1 年	m²	44.21	
17	050102008	种植花卉:葱兰	1. 花卉种类:葱兰 2. 花卉高度:0.15~0.20mm 3. 花卉冠幅:0.15~0.20mm 4. 密度:49 袋/m² 5. 养护期:1 年	m²	97.17	
18	050102008	种植花卉:天门冬	1. 花卉种类:天门冬 2. 花卉高度:0.25~0.35mm 3. 密度:36 袋/m² 4. 养护期:1 年	m²	50.04	
四	绿化地整理					
1	010103001	种植土回填(7~9栋三层天台)	1. 土质要求:符合种植土要求 2. 回填要求:松填、拍实 3. 回填均厚:400mm 厚(暂定) 4. 水平运输距离:现场自定 5. 垂直运输距离:三层天台,标高 +8.80m	m²	660.49	
2	010103001	种植土回填(10~11栋四层天台)	1. 土质要求:符合种植土要求 2. 回填要求:松填、拍实 3. 回填均厚:400mm 厚(暂定) 4. 水平运输距离:现场自定 5. 垂直运输距离:四层天台,标高 +14.80m	m²	976.06	
3	050101010	整理绿化用地	1. 土壤类别:综合 2. 土质要求:符合种植要求并作杀虫处理等 3. 取土/运距:场内 4. 回填/厚度:300mm 以内找坡、堆坡 5. 弃渣运距:自行确定	m²	4091.37	

8.8 案例总结分析

由于《园林绿化工程工程量计算规范》(GB 50858—2013)的发布,使得新版的工程量计算规范比"08"版的有了很大的变化,最主要的是项目编码的变化,本实例当中变化的主要有:

（1）栽植灌木。编码由"050102004"变为"050102002"。

（2）铺种草皮。编码由"050102010"变为"050102012"。

（3）喷播植草。编码由"050102011"变为"050102013"。

（4）整理绿化用地。编码由"050101006"变为"050101010"。

参考文献

[1]中华人民共和国住房和城乡建设部.建设工程工程量清单计价规范(GB 50500—2013)[S].北京:中国计划出版社,2013.

[2]中华人民共和国住房和城乡建设部.园林绿化工程工程量计算规范(GB 50858—2013)[S].北京:中国计划出版社,2013.

[3]柯洪.全国造价工程师执业资格考试培训教材.工程造价计价与控制[M].5 版.北京:中国计划出版社,2009.

[4]陈志明.草坪建植与养护[M].北京:中国林业出版社,2003.

[5]田永复.中国园林建筑施工技术[M].北京:中国建筑工业出版社,2002.

[6]刘新燕.园林工程建设图纸的绘制与识别[M].北京:化学工业出版社,1996.

[7]樊俊喜.园林工程建设概预算[M].北京:化学工业出版社,2005.

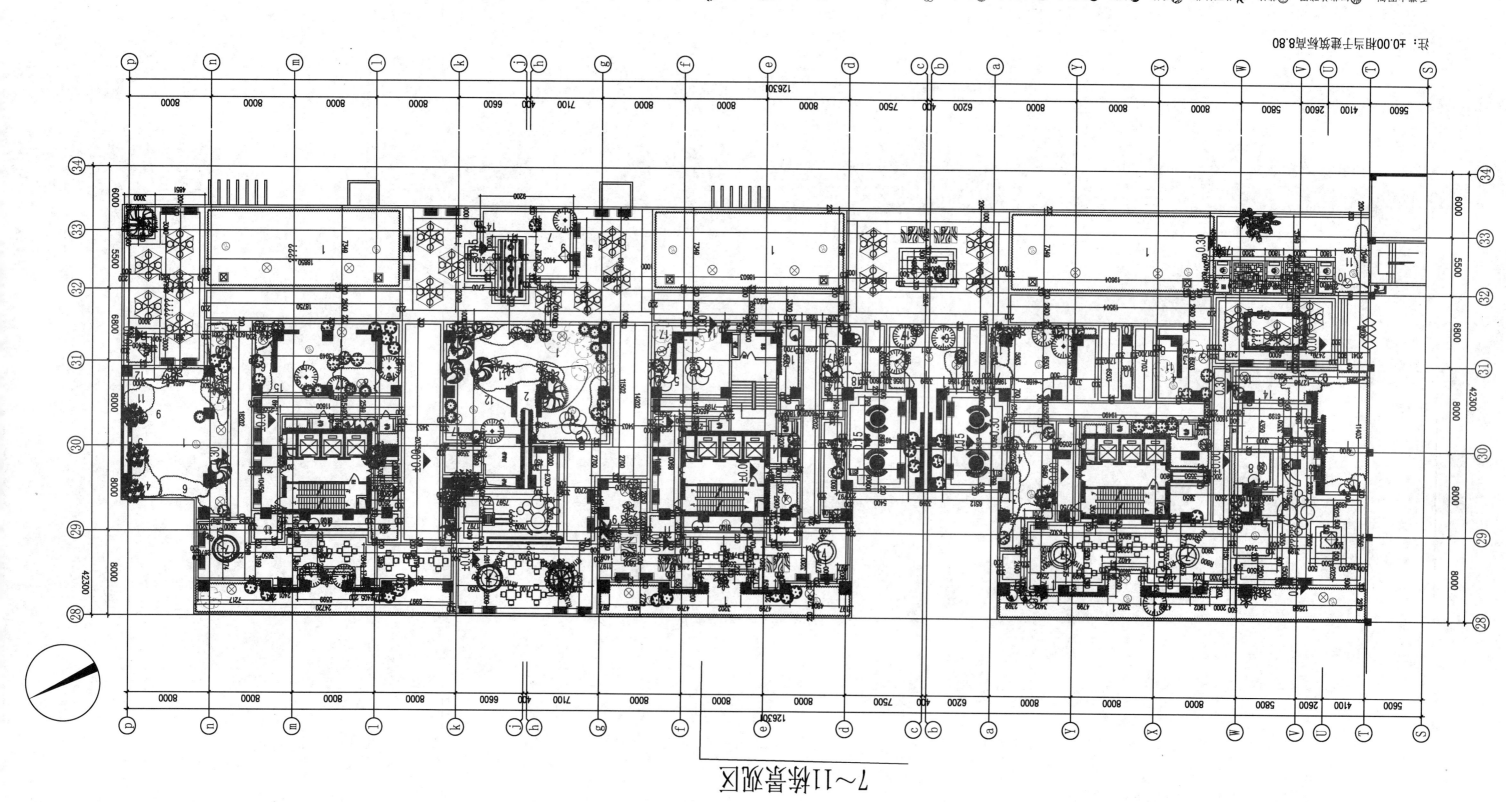

注：±0.00相当于建筑标高8.80

图 8-1 ××花园草坪工程及卡草坪水景水里图(一)

苗木图例：①红花羊蹄甲 ②黄槐 ③美丽针葵 ④马缨丹 ⑤海桐球 ⑥散尾葵 ⑦大稽子榕 ⑧龟背竹 ⑨红背桂 ⑩细叶紫薇 ⑪白兰花 ⑫君子兰 ⑬勒杜鹃 ⑭非洲茉莉 ⑮红继木球 ⑯春羽 ⑰合果芋 ⑱红脉竹芋

地被植物(色带)设置：1 马尼拉草坪 2 龙爪菊 3 红花继木 4 蜘蛛兰 5 龙吐珠 6 峨眉蔷薇 7 置蒲 8 白鸟三角梅 9 龙船花 10 菱角兰 11 金叶六月雪 12 紫叶槿浆草 13 吊竹草 14 红花继木球 15 黄菖蒲 16 银边麦冬 17 紫三 18 天门冬

7~11栋普观区

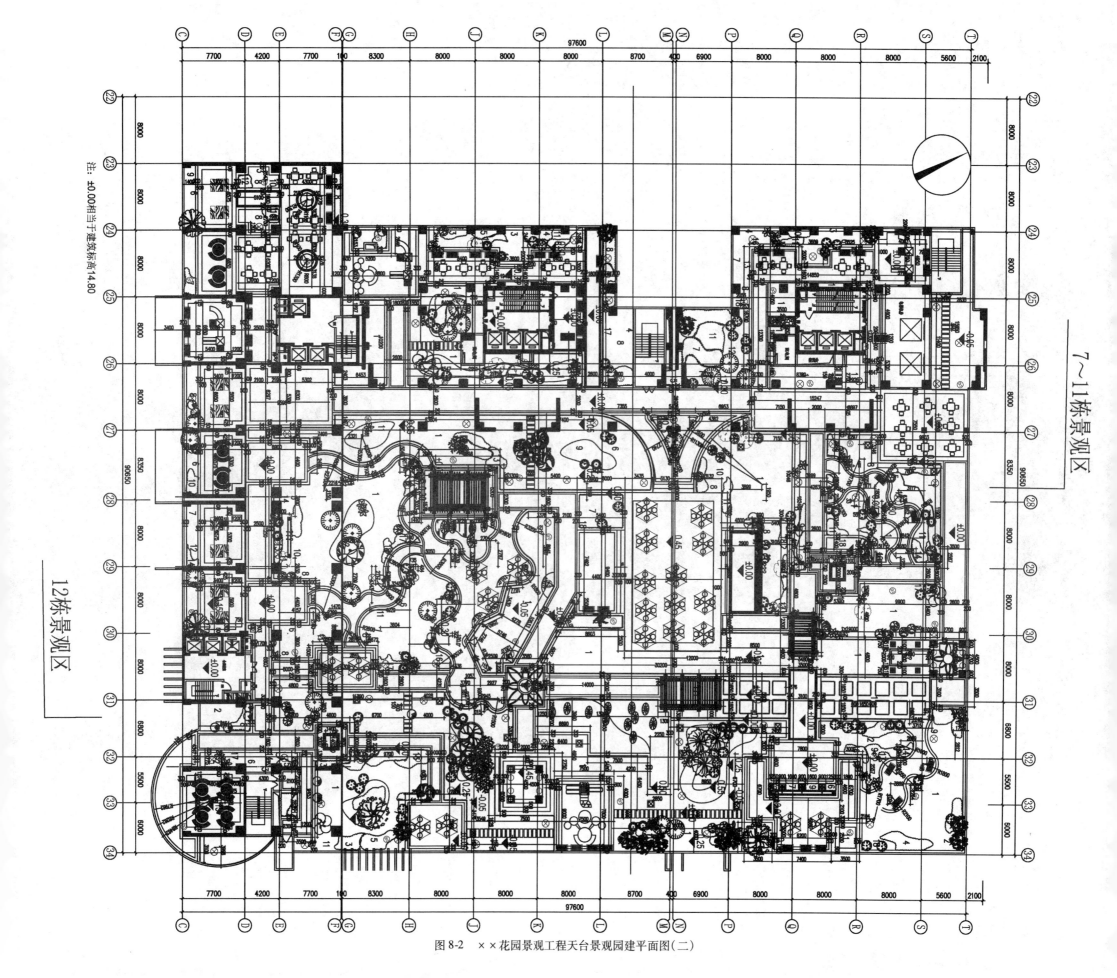

图 8-2　××花园景观工程天台景观园建平面图(二)